人类塑造舒适、美观的内部空间的努力历史久远，人们在营造建筑物的同时，就开始关注内部空间的舒适与美化，然而室内设计作为一门相对独立的专业的历史却并不长。改革开放以来，人们的生活水平得到极大的改善，使室内设计得到迅速发展，其从业人数激增，建筑装饰业逐渐成为国民经济的重要行业之一。

室内设计是一门年轻的学科，目前行业产值巨大，但理论相对欠缺，普遍存在重实践、轻研究的现象。在教育界，对于室内设计的定位存在不同的观点，各类学校的水平参差不齐。丁俊先生长期从事室内设计的教学、科研工作，在这一领域积累了丰富的经验。他根据多年的教学实践，参照国际最新理念编撰了《室内设计进阶培养——方法、基础与实践》一书，其中的不少观点和教学方法都具有新意，对于推进中国的室内设计教育具有积极意义。

苏州是一座具有二千五百多年历史的古城，人杰地灵，人才灿若繁星，他们或步入仕途，为国效力，或寄情书画，延续文脉，或潜心教育，培养人才……在苏州的文明史上写下了绚丽多彩的篇章，使苏州成为中国的文化重镇。在当今的室内设计及建筑装饰行业领域，苏州也占有重要地位。苏州既有设计及施工的龙头企业，也有一批培养室内设计人才的高等院校。在历年的国内外各类室内设计竞赛中，苏州地区的设计师获奖甚多，影响深远。丁俊先生就是一位长期工作、生活在苏州的青年才俊，辛勤耕耘于室内设计教育领域，衷心祝愿他继续为中国的建筑装饰业培养更多的优秀人才。

同济大学建筑系教授，博士，博士生导师
中国美术家协会环境设计艺术委员会委员
中国建筑文化研究会陈设艺术专业委员会副主任
上海建筑学会室内外环境设计专业委员会副主任

Preface

室内设计进阶培养
——方法、基础与实践

前言

室内设计是一门行业发达、理论欠缺、重实践、轻总结的专业。目前，市面上存在很多设计专业的论著书籍，而室内设计方面的书籍却比较匮乏。这一方面是由于室内设计自身的学科边界不是很明显，既可以和建筑交叉联系，也可以和美术产生联系，同时也符合工业设计的一般范畴；另一方面是由于社会对于室内设计的认知也比较薄弱，在经历了半个多世纪的发展后，室内设计仍然被许多人认为是装饰设计。在这样的现实条件下，室内设计的实践总结和理论研究面临的挑战是巨大的，可谓先天不足和后天乏力。所幸的是，室内设计产业巨大，设计实践机会较多，因此，以设计实践为基础也是室内设计研究的主要方面。

基于这样的基本认识，本书将以实践为导向，从实践中来，到实践中去。全书以培养设计师基本素养为目标，涵盖从设计基础、设计思维到设计实战的全方面训练，以案例为依托，尽量避免过多生涩理论的介绍。

由于著者水平有限，书中难免存在疏漏之处，敬请广大读者批评指正。

著　者

Contents

室内设计进阶培养
——方法、基础与实践

目录

第一章 室内设计方法论

第二章 室内设计基础训练

第一章
室内设计方法论

Gensler作品赏析

室内设计作品赏析

在一个全球化的、复杂化的、网络化的社会，室内建筑及其实践正在经历前所未有的改变。在一个新兴的、模糊的领域中，理论调研、设计研究以及可替换的探索将以往分散的学科融合在一起。

——《国际室内建筑+空间设计学报·前言》

进阶目标

1. 理解室内设计和室内建筑的概念区别；
2. 了解室内设计的基本类型；
3. 熟悉室内设计的基本流程。

※ 第一节 室内设计的转变——室内建筑

室内设计的概念存在一个不断演化的过程。从远古时代人类居住的洞穴出现原始绘画以来，对自身居住环境进行功能布局和装饰美化就成为人类的一种本能。在原始社会的简陋房屋中，人类已经开始注重功能分区，力求达到室内环境的舒适性，并且出现墙面粉饰，如河南大河村原始村落遗址就出现木骨泥墙基础上的粉刷。

随着人类社会的进步、建筑技术的发展，无论是西方以砖石为基础的建筑体系还是东方以木构为基础的建筑体系，由于与结构紧密结合，装饰和建筑融合为一体。在西方17世纪的巴洛克和洛可可时期，室内装饰和建筑开始分离，从而出现专门的装饰工匠。近代机器化工业大生产时代促使这一分工加大发展。而现代主义带来的功能至上也使得室内装饰逐渐被边缘化，人们更倾向于采用综合系统解决问题的室内设计的说法。发展到当代，室内设计的内涵和外延都更加科学化和理性化。不同于室内装饰的表面美化，室内设计基本成为当代的主流。

一、室内设计与室内装饰

许多人至今仍然混淆室内设计和室内装饰两个职业，实际上这两个职业却有着很大不同。室内设计是在理解人类行为的基础之上，创造功能合理的空间，是技术和技术的结合。而装饰设计是以流行或美观的方式对空间进行布置和装饰。简而言之，室内设计师会进行装饰，但是装饰师并不会设计。室内设计需要面临和解决更多的问题，包括对项目的功能、文化、法规、环保等各个议题进行研究。室内设计的过程需要遵循系统科学的方法，包括前期的研究、分析以及方案的创意和满足客户的需求等。另外，随着室内设计的快速发展，室内设计已经成为一门独立的职业，并且逐渐规范化。在西方国家，尤其是美国，还有相关法律要求室内设计师必须进行注册并获得许可，需要将他们的教育和培训资历进行文件归档，还要求职业室内设计师参加国家室内设计资格认证考试。相反的，装饰设计师并不需要任何相关正式的培训和认证。

二、室内设计与室内建筑

室内设计需要解决的问题不单是功能和形式的统一，只是在功能合理的基础之上达到美学的和谐，就认为可以解决室内空间的所有问题是不现实的。室内设计发展到现在，无论是学科还是行业其实已经出现无法涵盖现实的情况，于是，室内建筑开始慢慢被很多学校和一些设计公司采用，成为新的名词。

室内设计历史上一直以装饰艺术为基础。当代室内设计包括从室内家具和饰面的选择到室内空间的全面设计的广阔领域。室内建筑则是根植于建筑学的新兴实践，和传统的室内设计不一样，室内建筑主要关注现有建筑和其室内的结构、空间以及材质的转换。考虑到历史保护、时间、建筑性能的需要，室内建筑研究结构、序列、技术、流程、照明、色彩、装饰、设计对象以及视觉设计诸多方面。

室内建筑是建筑学、建筑环境设计学和建筑保护学的交叉学科。室内建筑课程通过创新和持续的方法内在地解决已有建筑结构的再利用和功能转换的设计问题。

作为世界上最早进行室内设计职业化的国家，美国对室内建筑学科的定义具有很好的借鉴意义。美国国家教育统计中心这样定义室内建筑的学位课程：“室内建筑是让个人具备以建筑法则设计居住、娱乐、商业功能的结构内部的课程，并让其成为专业的室内建筑师。”室内建筑的课程学习包括建筑指导、职业与安全标准、结构系统、冷热系统设计、室内设计、特定的终端运用、职业责任和标准。除了获得室内建筑的学位之外，在美国从事相关工作还需要获得一般许可证书，还有更多的一些许可要求。在许多欧洲国家，使用“室内建筑师”的称谓还受到法律监管，这意味着从业人员不能随便使用“室内建筑师”的头衔，除非他们符合相关要求。在完成相关学位课程的基础之上才有可能成为一个注册或获得许可的室内建筑师。

关于室内设计和室内建筑的关系，美国得克萨斯大学奥斯汀分校建筑学院室内设计项目的负责人南希·科沃克（Nancy Kwallek）教授曾经于2010年专门撰文对此进行讨论，她在文章中对室内设计和室内建筑的定义进行了比较分析，并且充分阐述了室内设计课程的现实，探讨了将室内设计更名为室内建筑的必要性，不仅仅在于室内设计难以涵盖目前实际教学内容的变化，也在于行业规范的现实需要，即以室内建筑的标准提高行业的门槛，达到规范化的目标。另外，就是应对室内设计为女性占据主导的基本现实，而室内建筑的称谓将缓解人们对于这一专业的成见。因此，在文章结尾，科沃克教授明确提出以室内建筑取代室内设计称谓的必要性：“目前，我们的课程及大纲的教育目标比起室内设计而言，毫无疑问的，更为准确地满足了室内建筑的定义。在我们迈入21世纪之际，认识到这个持续已久的问题是很重要的。”

另外，美国佛罗里达大学的约翰·韦甘得（John Weigand）教授则从建筑设计专业和室内设计专业的关系方面进行分析，指出这二者的关系就像医学领域的内、外科一样，应该是一个大的学科领域的两个不同的方向，而不应该存在孰轻孰重的比较。韦甘得教授指出：“医学专业的学生们完成医学学位（并且最终成为执业医师），但是随后却在不同的领域获得证书。儿科医生和脑外科医生拥有不同类型的知识，但都是医生”。而这为处理建筑学和室内设计专业的关系提供了良好的典型。

※ 第二节 室内设计的基本类型

一、分类方式

基于不同的需要，室内设计具有多种不同的分类方式，目前业内通常以室内空间的使用功能进行划分。笼统而言，室内设计包括住宅空间和公共空间两大类。其中，公共空间包含的内容很多，包括办公、教育、医疗、酒店等。不同类型的室内空间服务于不同需求的用户并呈现出截然不同的空间特征。

室内设计的专业化趋势越来越明显，分类越来越专业化，如美国室内设计师协会（ASID）的Corky Binggeli在《室内设计标准》（*Interior Graphic Standards*）一书中就按照项目类型将室内设计分为商业空间、住宅空间、医疗空间、零售空间、酒店空间、教育空间、表演空间、博物馆、运动健身空间、动物保健空间、旧建筑改造等。

目前最常用的分类方法是借鉴国际大型设计公司的做法。很多国际大型设计公司设计业务涵盖广泛，基本囊括室内设计的主要领域，其业务经营范围的划分方式也可以作为借鉴，比如美国排名第一的室内设计公司——Gensler，它从事包括室内设计、建筑设计、城市规划和产品设计等诸多领域的设计服务，其业务划分范围分为三大板块，然后再在三大板块中进行细分。如社区（航空与交通、教育与文化、卫生与健康等）、生活（品牌策划、娱乐、酒店、综合、零售、运动与休闲等）、工作（商业办公、公司园区、商业服务公司、生命科学、媒体等）。又如Perkins+Will公司的业务类型包括市政与文化、公司与商业、联邦政府、医疗设施、高等教育、中小学教育、医疗教育、科学与技术、运动与休闲、交通设施等。另外，还有总部位于芝加哥的VOA设计公司的业务类型包括商业与综合功能、国防部业务、教育、娱乐与文化、多家庭住区、规划、零售、工作场所等。

大型国际设计公司虽然设计业务涵盖全面，并且划分方式比较契合市场实际，但是都不可避免地局限于自身公司经营条件，比如VOA设计公司专门把其国防部的业务范围划分出来。

按照功能划分是目前通用的趋势，《大英百科全书》给出了比较全面的分类方式可供借鉴，其中有些室内空间类型并不一定适用于中国，如汽车旅馆在中国并不流行，具体分类方式参见表1-1。

表1-1 室内设计按空间使用功能分类

类型		例子
住宅空间		别墅、公寓
公共空间	政府空间	法院、集会大厅、市民中心、文化建筑
	机构空间	学校、医院
	商业空间	店铺、酒店、汽车旅馆、展厅
	宗教空间	寺院、教堂
	工业空间	作坊、实验室、工厂
	特殊空间	交通建筑、轮船内饰、博物馆设计、历史建筑的展陈、保护及复原设计

二、基本类型

结合国内室内设计行业现状特征的分类方式如下：

1. 居住空间

居住空间可分为别墅类（图1-1）、公寓类（图1-2）、度假类（图1-3）。

图1-1 奥斯汀保尔丁溪住宅

图1-2 苏州“水秀天地”样板房

图1-3 苏州“右见十八舍”民宿

2. 公共空间

公共空间包括办公空间（图1-4）、政府空间（法院、会议中心、市政厅）（图1-5、图1-6）、机构空间（学校、医院、银行、图书馆、博物馆）（图1-7至图1-10）、商业空间（商店、酒店、餐厅、橱窗）（图1-11至图1-14）、宗教空间（图1-15）、工业空间（作坊、实验室、工厂）（图1-16）、特殊空间（交通建筑、交通工具内饰、展示）（图1-17至图1-19）。

图1-4 Gensler 洛杉矶办公室

图1-5 杭州G20峰会会场

图1-6 人民大会堂江苏厅

图1-7 西雅图华盛顿大学建筑学院室内中庭

图1-8 纽约时代广场附近的美国银行

图1-9　西雅图公共图书馆

图1-10　音乐体验博物馆（EMP）室内

图1-11　苏州诚品书店

图1-12　位于纽约的美国国家广播公司（NBC）的纪念品商店

图1-13　位于纽约第五大道附近的橱窗设计

图1-14　位于上海的MUJI旗舰店店面设计

图1-15 图1-16 图1-17

图1-15 无锡灵山梵宫南北廊厅细节

图1-16 江苏某工厂实验室

图1-17 华盛顿特区地铁车站

图1-18 图1-19

图1-18 Holand America 邮轮室内空间设计

图1-19 旧金山国际机场

※ 第三节 室内设计的方法与原则

一、循证设计

循证设计的概念来源于循证医学，它是在循证医学和环境心理学基础上诞生的一种设计思想。循证医学自创立以来，在西方医学界已经被广泛接受，由此而生的循证设计对医疗空间设计具有重要意义，强调运用科学的研究方法和统计数据来证实建筑与环境对健康的实证效果和积极影响。循证设计理论的出现以1984年得克萨斯A&M大学建筑学院Roger Ulrich教授在《科学》杂志上发表的《窗外景观可影响病人的术后恢复》一文为标志。该文首次运用严谨的科学方法证明了环境对疗效的重要作用，Roger Ulrich教授也因此被公认为是循证设计理论的奠基人。2004年Hamilton在美国建筑师协会医疗分会杂志上发表的文章为循证设计赋予清晰定义，并于2009年在《各建筑类型中循证设计的应用》一书中将循证理论从医疗建筑设计推广到教育、办公、商业等多种类型。根据Hamilton的定义，循证设计是指在设计过程中建筑师与甲方合作，共同认真审慎地借鉴和分析现有最可靠的科学研究依据，从而做出正确的设计决策。

在室内空间的循证设计理论方面，美国明尼苏达大学设计学院所建立的Informe Design研究平台是一个很好的例子，该平台从2003年成立以来就成为循证设计的重要资源和依据。

室内设计能够对人们的生理和心理健康产生重要影响，它会影响到人们的工作、生活、学习，可以提升人们的生活品质，因此，室内空间的相关研究显得越发重要。运用相关研究来支撑设计将会极大地提升设计的品质，并给客户带来巨大收益。医疗空间需要促进患者的康复、办公空间需要提升人们的工作效率、家居空间需要改善人们的居住质量、学校空间要有利于学生的学习等，而这些目标的达成都需要设计师做到设计有依据可循，而不是简单地仅凭个人经验和其他案例的模仿解决。对一些设计议题的深入研究和理解，比如可持续发展、生活方式、灯光等以及结合相关研究才能带来合理的解决问题的方案。现代室内设计日益成为一个更需要广泛知识储备的职业。

循证设计也意味着设计决策可以导致特定的、可量化的设计结果。室内设计专业的学生必须掌握一定的研究技巧和研究方法，如常用的行为观察和访谈等，这样才能成为一个问题解决者，提供有意义的设计。循证设计是力图以经验和观察为依据，将定性分析的指标量化，用以指导设计，要做到让设计符合运营、空间定性、设计指标量化，而不是我们目前普遍凭感觉的、模糊的、简单化的设计方法。由于在国家、行业协会层面上，没有循证设计的指南，加上技术上的资源壁垒、设计周期短、设计费不足，中国的设计师主要依靠个人积累的经验去解决问题。在我国设计师年轻化的格局下，设计质量因人而异的情况还将长期存在。

二、解决问题

室内设计必须为解决问题而进行设计，不论是具体的问题还是战略性的问题。比如明尼苏达大学设计学院成立的Design Thinking研究平台以设计的方式，针对一系列社会问题进行研究，这一系列议题包括设计思考与当地政府、教育、大学、商业，以及针对社会平等与种族多样性、可持续发展与非公益的设计思考。

三、可持续设计

可持续设计对人们来说耳熟能详，但很多人并不能完全理解。目前人们对可持续发展公认的理解是“可以满足当代人的需要而又不至于损害后代人的需求”。但是这个定义并不能够反映问题的本质。人们必须理解可持续发展对于室内设计的意义。作为室内设计师可以从材料选择、资源保护、环保空间等方面进行努力。

人类如今已经过多地消耗了地球上的自然资源。越来越多的发展中国家正在经历大规模的工业化，这一进程也不可避免地加剧了地球资源的消耗。可持续设计对于室内设计是十分重要的，因为建筑的运转本身就会消耗大量的资源。室内设计师无论是对建筑进行翻新还是重新设计都不可避免地会对环境产生影响。室内设计师必须将可持续设计的因素从一开始就内在地贯穿进室内设计的整个流程，而不仅仅只是将其作为一种附加的、外在的因素进行考虑。

设计师对可持续设计的考虑需要贯穿空间框架搭建阶段、选择家具阶段，甚至是选择材料、饰面等各个环节，如在材料选择上需要考虑哪种材料对环境造成的影响最小。可持续设计并不一定非要使用高科技，如使用绝缘材料就可以降低大量热量的损失或在室外气温过高的时候避免室内温度升高过快。又如开窗形成空气对流也可以使室内温度保持舒适。而这些简单的方法往往被人们忽视，人们过于相信机械通风、空调系统等大量消耗能源的方式。

※ 第四节　室内设计的基本流程

将空白的室内空间变成功能有效、美学合理的环境需要室内设计师采取一系列的步骤。室内设计师从多种渠道收集信息，针对客户的需求，理清问题，作出解决具体问题的多种决策。在此过程中，室内设计师绘制各种图纸，收集整理多种文档，提出设计概念，并逐步将其转换成现实。这一系列任务的完成即室内设计的流程。基于项目的规模以及类型差异，室内设计的流程存在一定的差异性，但是基本的流程可以归纳为以下阶段。

一、前期沟通

室内设计属于服务型行业，为了明确设计目标，为客户提供满意的设计服务，室内设计师必须对客户的需求进行深刻和全面的了解。现实是很多客户对自身的想法并不明确，而且不一定能够完整详尽地表述出来。客户在与设计师交流的时候很可能会提出一些问题，并且很多问题都是一些比较随机和随意性的问题。因此，室内设计师首先需要明确客户需求，提出针对性的设计操作流程、实施方案、可视化图面，甚至一些具体的设计任务和安排。

相互信任是设计工作得以顺利开展的一个重要前提。而要做到这一点，设计师必须想客户所想，从客户的角度出发，认真听取他们的意见，仔细观察，勤于思考。良好的设计需要充分协调各种关系，并且还需要有灵活可调节的能力，随时根据客户以及实际情况的变化相应做出合理的调整。尤其是一些大型的专业性公共空间，客户对功能和需求的理解通常要比设计师深入和透彻，他们的意见对打造良好的空间十分有益。如在进行餐饮空间设计时，如何有效增加营业面积、吸引客流、保持空间的干净整洁、处理和后场的关系等具体细节，设计师可能会考虑不周，但是客户却可以提供十分有效的建议。

二、设计调研

设计调研一般包含现场勘查、项目考察和资料收集等不同的内容。

（1）现场勘查。现场勘查是信息收集工作中的一个十分重要的环节，如果客户没有提供图纸则需要对现场进行实地测量。设计师需要对现场进行仔细观察，对结构和空间进行了解，同时勾画现场草图，然后将详细的数据记录在草图上（图1–20）。设计师同时还需要留意现场管道情况，如污水管、煤气管、暖气管、电线管、水管等。结构上还需要注意窗户的位置、标高变化、梁板等现场情况，并且将这些信息记录在现场勘查草图上。设计师借助勘查现场不仅可以形成对于场地的直接感知、获取数据，有时也可以借此与客户进行更进一步的交流以明确其需求。这些都是下一步进行设计的基本依据。

图1–20　现场勘查

（2）项目考察。由于室内设计面对的是不同的客户群体以及需求，往往需要设计师进行一些相关案例的调研。有时候需要陪同客户进行调研，考察类似空间的布局、氛围等情况。相关案例的现场调研会加深设计师对于所设计对象、所解决问题的印象，同时也会形成一些启发，明确需要解决的问题和可以借鉴的细节。

案例分析也是设计过程中的一个重要环节。现在设计潮流发展迅速，设计对象日益复杂。设计类期刊、杂志、专业网站都是室内设计师获取案例的重要来源。而在向客户进行前期概念汇报阶段也需要有直观的案例呈现，从而作为明晰设计方向的重要依据。

（3）资料收集。有针对性地收集与项目相关的图文资料。尤其是为了进行项目的文脉分析，需要对其文化发展脉络进行深入调研。一些文化类空间更是对此提出了较高要求，比如具有深厚历史文化底蕴的地方，其公共空间必然对当地的传统文化作出回应，前期的工作就需要对此进行研究。

三、概念设计

在国内，设计师在与客户进行前期沟通时往往会制作一个概念方案图册，其中包括概念来源、设计意向、设计任务、工作计划等内容。概念来源主要介绍设计灵感来源，前期概念设计主要利用图形语言对功能、形式等问题提出意向提案。概念设计阶段是设计过程中十分重要的一个环节，设计师需要利用专业知识综合考虑项目历史、人文、经济、技术等各种概念。

针对设计意向，概念图版是一种很好的寻找设计灵感和明确设计方向的方式。在设计的早期阶段，这些明确直观的图像拼贴表达了设计意向。由于设计要考虑的项目很多，拟定一个设计计划书可以为客户理清设计的方向。

四、方案设计

美国管理学家赫伯特·西蒙（H.Simen）曾提出："设计即功能分析"。在方案设计阶段，设计分析是方案得以产生的重要前提。前期分析一般要对设计背景、地域文脉、功能组成、空间尺度、环境要求等方面做出分析。在分析的基础之上，方案设计阶段需要将设计创意和设计所解决的问题具体落实为可视化图面。在这一阶段，室内设计师开始绘制设计草图，初步确定材料和色彩。方案设计初步阶段可以通过一系列的分析草图表达设计想法，比如功能气泡图、平面草图、小透视、剖面图、轴测图等。在方案设计阶段，平面图是非常重要的。平面图体现了空间的布置和家具的摆放，它是整个空间设计的基础，决定了整体的空间效果。在剖面图确定之后就可以对空间主要立面、透视效果以及典型节点进行表现。

五、深化设计

如果设计方案已经得到客户的认可则可以进行深化设计，绘制详细的设计图纸，制作完善的设计文本。在这个阶段，设计师需要绘制比例准确的图纸，保证家具和功能布置都能精确结合所在空间。深化设计阶段对设计方案进行进一步深化和完善的功能，并最终落实为可实施性的方案文本。

六、设计图纸

一套完整的设计图纸包括项目封面、工程索引、原始结构图、平面布置图、平面尺寸图、地面铺装图、顶面布置图、顶面尺寸图、灯具布置图、灯具定位图、剖面图、立面图、节点图等。有很大一部分的工装项目需要设计公司制作规范的标书文本，设计文本和设计图纸一般属于技术标部分，需要按照标书要求进行精心准备。

七、方案汇报

在国内进行方案汇报时，如果是比较正式或者大型的工装项目，都会邀请行业专家进行方案评审。一般而言，甲方和汇报方相对而坐，汇报人在最前方，汇报方需安排一名助手帮助汇报人进行幻灯片切换或进行其他准备事宜（图1-21）。

八、方案实施

在方案实施阶段，一般需要设计师定期在施工现场进行对接，确保项目按照设计图纸的要求完成。如果出现现场问题，则可能需要进行设计调整（图1-22）。

就设计过程而言，以上只是比较通用和常见的室内设计流程，有时会根据具体项目进行相应的调整。而不同的公司也会根据自身的人员配置和专业特长设置适合自身的设计流程。比如美国HBA设计事务所，将设计流程划分为前期规划、概念设计、设计深化、设计文本、设计投标、设计实施六个阶段。中国的金螳螂建筑装饰股份有限公司提出的50/80管理系统也是以非常专业的设计流程把控设计质量，将设计过程和项目完成进度划分为概念设计（15%）、方案设计（30%）、扩初设计（35%）、施工图设计（15%）、后期服务（5%）五个阶段。

但是，不可能每一个项目都能够契合以上所列的每个阶段，在实际操作中可能存在前后阶段重叠的情况。比如前一个阶段的任务仍然在继续，而下一个阶段的工作就已经开始了。其实，也不是所有的项目都会经历以上所列的所有步骤。在实际项目操作中，需要针对实际情况进行安排和调整。

图1-21　方案汇报现场

图1-22　施工现场

进阶练习

1. 根据自己所在的城市进行考察，对照文中列出的分类表格为每一个类型的室内空间收集不少于两个案例，拍摄实景照片，并以比较分析的方式阐述不同空间类型的特点，最后制作汇报PPT。

2. 针对室内设计的流程，选取一个实际工程案例，对其进行过程分解的分析。

第二章 室内设计基础训练

中国花窗知多少

榫卯结构欣赏

设计教育最重要的部分就是基础课，就好比盖房子，基础失误，那么其他的无论如何也无法改正。

——得克萨斯大学建筑学院院长Fritz Steiner

进阶目标

1. 理解室内设计基础训练的重要性；
2. 从形态、结构、材料、思维四个方面进行室内设计基础训练；
3. 通过课程训练，提高基本技能，比如草图绘制、软件操作、工具操作等。

※ 第一节　形态基础

一、主题介绍

以苏州形式多样、种类繁多的花格窗为探索依据，从而也为体现江南地域文化的室内空间提供了极其丰富而又方便的素材。花格图案丰富多彩，且历经变化，呈现出不同的面貌。明代时期，柳条式是苏州地区最为雅致的图案。从清朝乾隆时期开始则重视研究棂格的组合图案等形式更为复杂的纹样。清朝晚期由于玻璃的出现，棂格图案更加自由，且窗扇效果又出现简洁的趋势。[①]尤其是平棂构成式样的花格图案基本都可以在苏州园林建筑和民居建筑中找到实例。另外，苏州花格窗的整体构成都是程式化的，即板、棂、边或棂、边构成，其丰富的视觉形象核心就在于其千变万化的格心纹样构成。研究其构成方式，形成了形态探索的基本来源，以此为基础进行形态演变，按照循序渐进的任务路径将其融入具体空间。

二、任务路径

（一）第一阶段：理解模件原理

1. 基本理论

花格窗具有比较强烈的模件特征。德国学者雷德侯（Lothar Ledderose）在其所著《万物》一书中提出模件（Modular）的概念，并对中国的汉字系统、青铜器铸造、陶瓷生产、木构体系等进行了模件化的分析。模件化方式在中国传统艺术中得到了广泛的运用。中国传统的木构系统，无论是大木作还是小木作都采用了这种方式，因此，中国古代建筑可以方便、迅速地进行施工。作为小木作体系的花格窗同样是模件化生产制作的产物。不同类型的花格窗都具有一个明显的单元体，然后按照特定的网格关系排列形成花格样式。苏州传统木作技艺极其发达，尤其是苏州的香山帮传承悠久、技术超群，工匠们不需要熟悉每一种花格窗的制作样式，但是基本的模件骨架是必须要掌握的。

2. 任务分析

任务1　前期调研

选取一个代表性的传统苏式木作花格窗，对其进行调研，了解其文化寓意、类型特征并分析其组合方式。对其进行实地测绘记录，进而绘制CAD图纸和分析图，具体包括测绘图（标注基本尺寸）、分解图（基本图形、网格线、组合方式）。需要解决的问题包括对尺度的把握，以及了解尺寸在实际测量和计算机虚拟之间如何转换，掌握基本的绘图技巧和规范（图2-1）。

① 顾蓓蓓：《苏州地区传统民居的精锐：门与窗的文化与图析》，武汉：华中科技大学出版社2012年版，第80-81页。

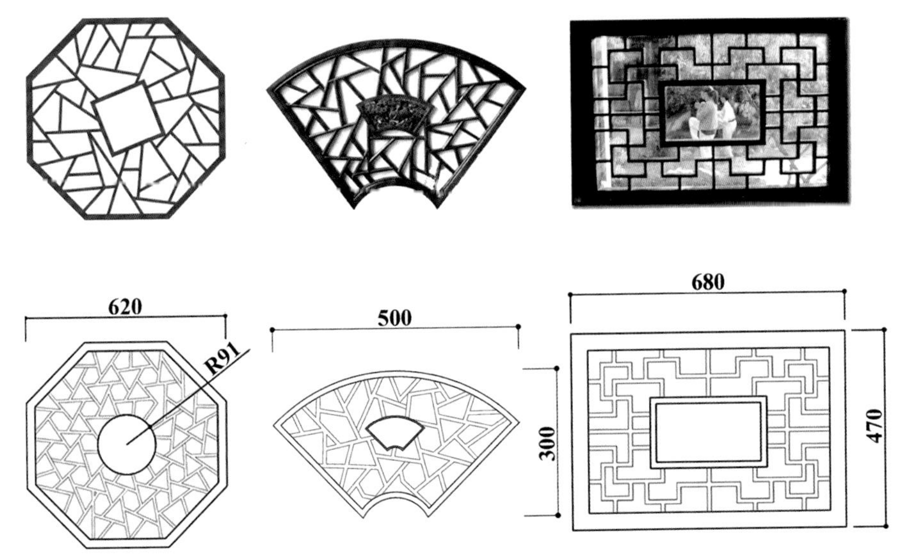

图2-1　前期调研：花格窗测绘

（二）第二阶段：研究原型和变体的概念

1. 基本理论

原型和变体的概念是图案设计的基本方法。花格窗格心图案千变万化，但是也存在基本的原型,只需要介入不同的变量就可以诞生不同的变体。在国外有许多学者都对原型和变体的概念进行了详细的论述，尤其是19世纪生物进化论为此提供了一个很好的参照。生物形体的变化主要来自于生物结构的变化，而转变是有一定规则的，每一次生物系统自身的变化都是前一次生物形态变化的结果。19世纪末期的生物学家主要关注于变异是如何产生的。德国著名的生物学家恩斯特·海克尔（Ernst Haeckel）认为生物体的特征来自于与环境的互动，生物个体发育反映了种系的发育情况。鱼的变体就是一个很好的例子（图2-2），各种不同的鱼从拓扑学角度上来说都很类似，它们都有相互类似的部分，按照类似的方式组合在一起，但是在尺度上却是不一样的，一些短而胖，另一些长而瘦。这些尺度上的不同是由于其生活环境的多种因素引起的。[①]

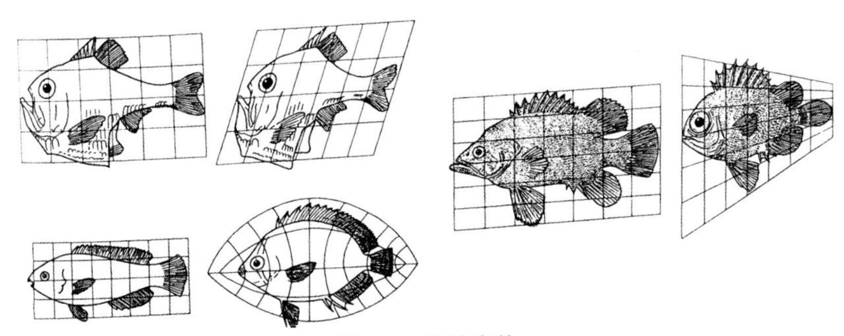

图2-2　鱼的变体

① Colin Davis. Thinking About Architecture: An Introduction to Architectural Theory. Laurence King Publishing Ltd. 2011: 113

基于以上分析可以发现，每一种形态的产生都不是随意现象，它们都必然地受到一定规则的介入。那么从花格窗提取出来的基本形态也可以按照一定的规则对原型产生影响，从而生成一个符合特定逻辑的新形态。而每一次不同规则的介入都会导致不同的变体。

2. 任务分析

任务2　形态推演

以测绘为基础进行图形的分析和推演，制作一个花格分析的图板。图版内容不仅限于以下内容：花格名称、使用于何种地方、花格寓意、组织方式（点阵分布、放射状分布、线状分布、中心式构图等）。

形态转化可以按照一定的方法进行，比如分析二维图形的各种关系——轮廓、图底关系、线性关系、图形边界关系、尺度关系、色彩关系等并对其进行一定的转换，以此为基础进行三维演化（图2-3）。三维图形可用犀牛建模表达。主要解决的问题包括对形态的分析，如何从历史元素中发掘形态来源并进行分析推演。

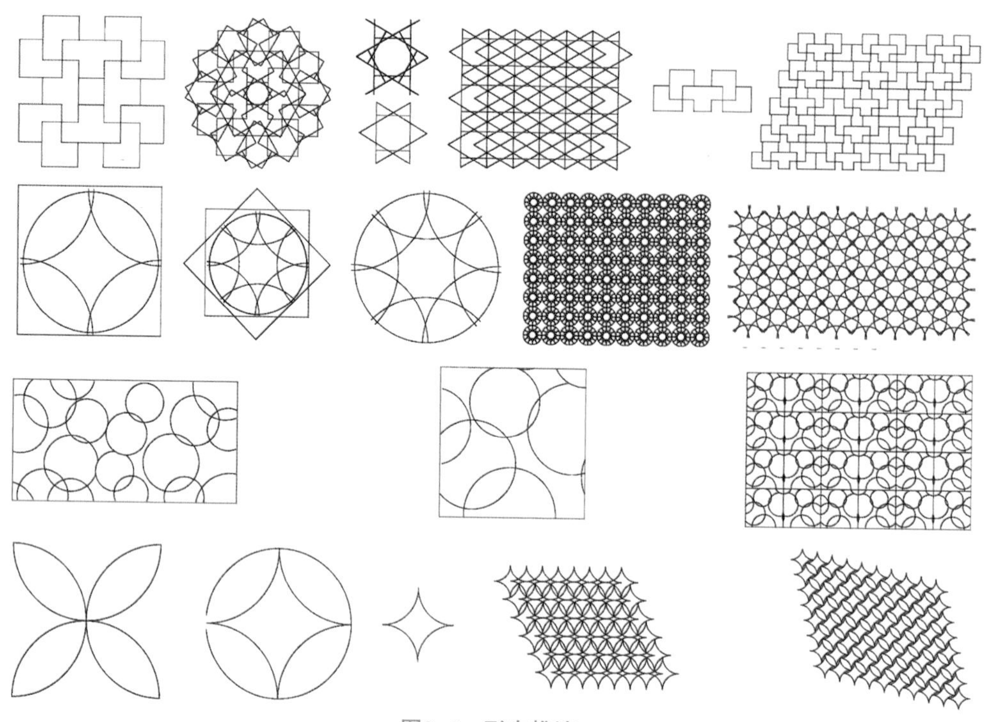

图2-3 形态推演

（三）第三阶段：训练阶段性转换的手法

1. 基本理论

花格窗本身具有其特定的空间环境，在新的空间环境的运用需要完成一定的转换。只有通过转换才能避免前文提到的以简单的符号拼贴的方式进行地域化的室内设计。

这个课题中需要完成三种转换：维度转换、尺度转换和媒介转换。维度转换，研究如何将调研过程中选取的花格窗提取出基本形态，并且对其按照特定的语法规则进行推演，这个过程涉及从二维到三维形态的转换；尺度的转换，需要明白花格、推演的形态和在新空间中进行运用的建构之间进行转换需要对尺度进行关注；媒介的转换，探索如何在不同阶段进行不同媒介的转换，完成从数字（Digital）到虚拟（Virtual）再到建造（Tectonic）以及循环反复的探索。

2. 任务分析

任务3 墙纸设计

根据花格调研和图形分析的推演，将图形设计成一个墙纸（甚至可以是依附于墙面的一个立体墙纸），可以适当考虑结合材质和肌理进行三维处理（图2-4～图2-6）。图版中体现的一些图形推演和分析的手法可以查阅相关平面构成和立体构成的书籍。

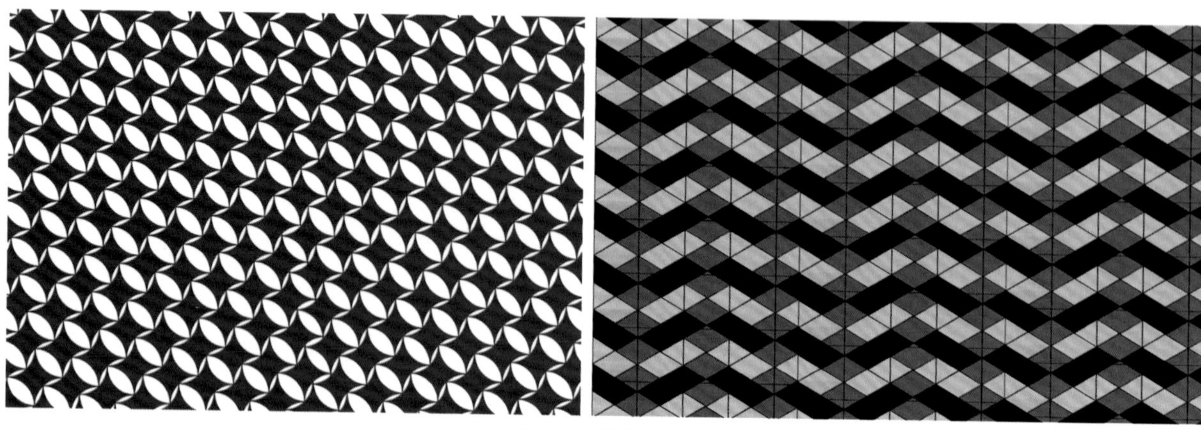

图2-4 墙纸设计

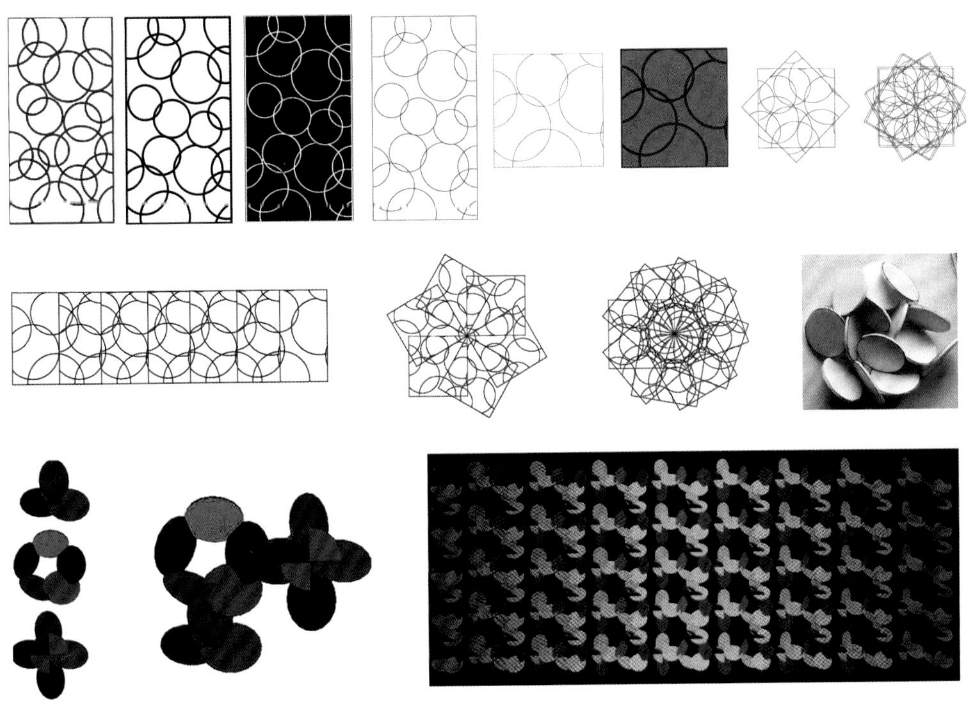

图2-5 墙纸的三维化（一）

图2-6 墙纸的三维化（二）

针对不同类型和尺度的空间，需要在尺度、材料、维度、方向等多个因素进行综合考虑，有针对性地对元素进行创新运用。图2-7、图2-8展现的是基于同一元素在不同空间的转换运用而产生的不同效果。

为了验证设计的合理性，探讨其可操作性，可以通过制作原型的方式进行。制作一个等比例缩放的表皮原型，可以采用虚拟的材料进行制作，主要研究模块的尺度以及模块相互之间的组合关系，在此过程之中，原型会随着尺度研究、结构研究的深入而进行一定的优化处理，最后在可能的情况下尝试运用真实材料，而非模型板进行制作（图2-9）。

图2-7 同一元素在不同空间的转换运用（一）

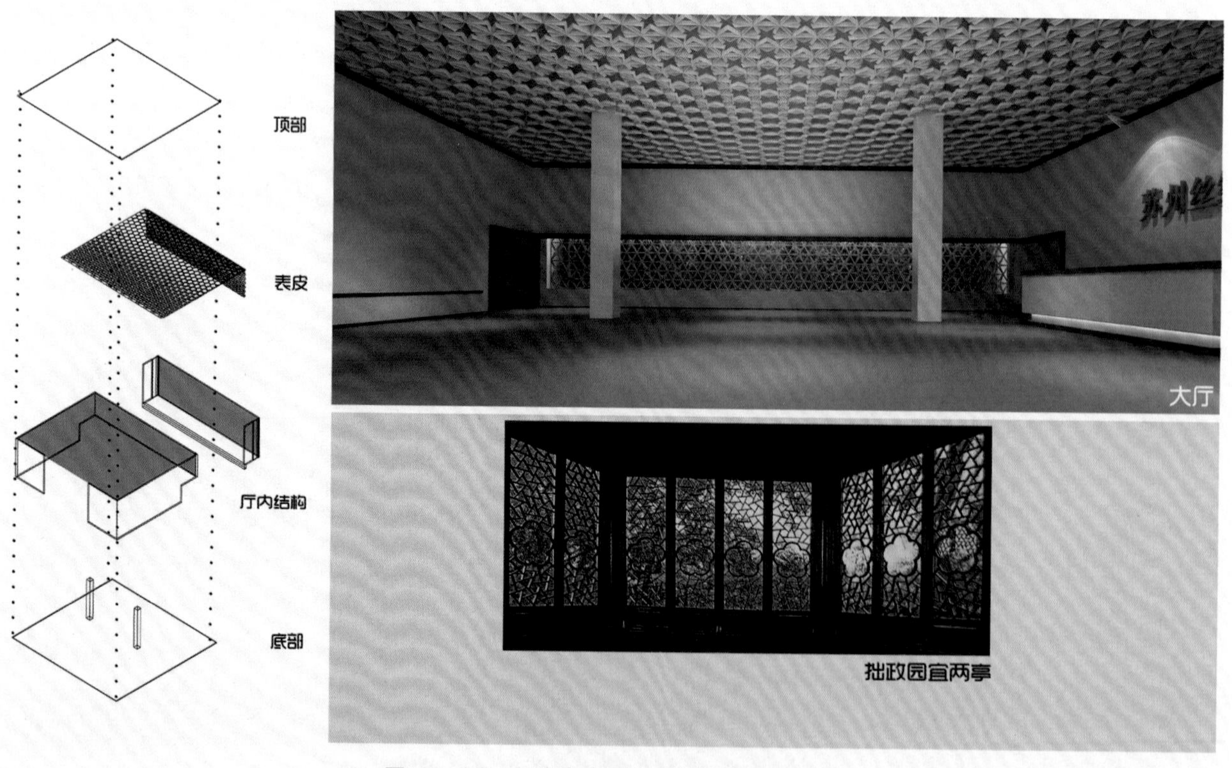

图2-8 同一元素在不同空间的转换运用（二）

图2-9 原型制作

研究人体结构或者人体的一部分来寻找设计的灵感。以轮廓盲画（Blind Contour Drawing）的方式对手进行记录，训练眼和手的协调能力。摆出两只手咬合的姿势，或者用手握其他东西的姿势然后进行盲画。必须准确地描绘出自己所看到的，而不是想当然的。必须耐心观察和仔细描摹。同时需要领会双手咬合或手与物体结合所蕴含的咬合关系和结构原理，并将其运用在木块结合研究的项目中。

轮廓盲画是Kimon Nicolaides在*The Natural Way to Draw*一书中提出来的。在绘图时，眼睛仔细观察物体，在不看纸张的情况下，以缓慢、连续、稳定的线条将物体的轮廓描摹出来。在画的过程中不能抬笔和看所摹图纸。观察要仔细，绘图要慢一些，不要试图进行准确精细的描绘。

以下是进行木构咬合研究的具体案例，体现了前期对于手指咬合姿势的研究，并将其转换为泡沫板搭结的咬合状态，最后选择合适的木材，将其制作成成品（图2-10至图2-16）。

※ 第二节 结构基础

一、主题介绍

咬合是自然界中普遍存在的一种关系，通过观察并分析自然界中存在的咬合现象，可以通过不同材料的转换形成符合建筑体块的组合。而木构在中国传统的建造体系中处于核心位置，无论是建筑的大木作、小木作，还是家具制作中的榫卯结构无不体现了咬合结构的精髓。

二、任务路径

木块咬合的体块练习可以分为四个阶段，如表2-1所示。

表2-1 体块练习的四个阶段

阶段	名称	练习内容
阶段1	轮廓盲画	A4纸张，描绘轮廓，分析结构和咬合关系
阶段2	泡沫板推敲+SketchUp推敲	推敲形体结构和咬合关系
阶段3	木块加工	模型制作，木块不超过3个
阶段4	作业排版及点评	A3纸张，包括三视图、透视图、模型

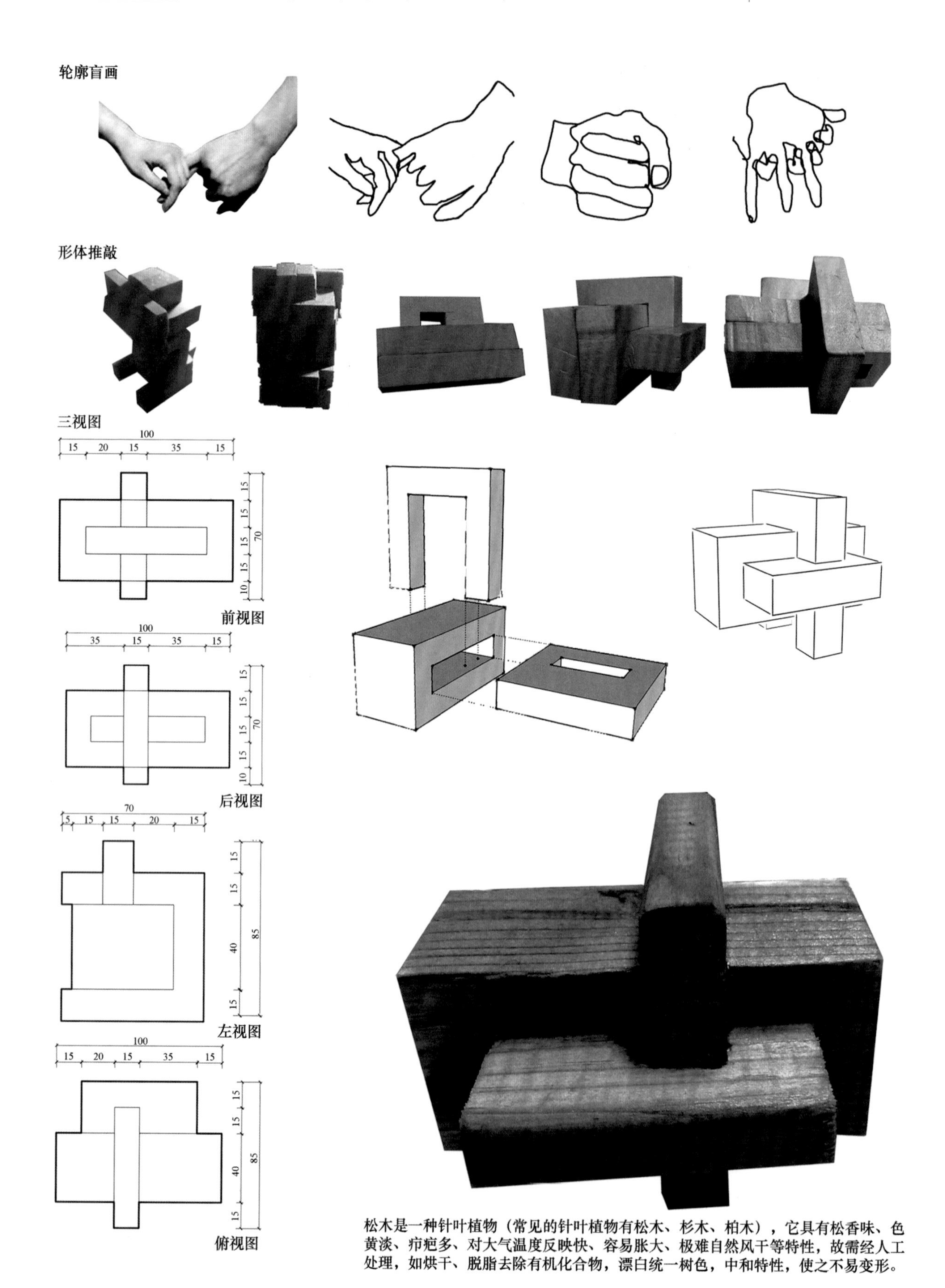

松木是一种针叶植物（常见的针叶植物有松木、杉木、柏木），它具有松香味、色黄淡、疖疤多、对大气温度反映快、容易胀大、极难自然风干等特性，故需经人工处理，如烘干、脱脂去除有机化合物，漂白统一树色，中和特性，使之不易变形。

图2-10 木块咬合（一）

轮廓盲画

泡沫模型

三视图

1000
200 210 180 210 200
600
100 160 180 160

1000
200 210 180 210 200
760
220 180 180 180

600
100 160 180 160
760
220 180 180 180

模型

新西兰松
色泽淡黄，纹理通直，易干燥，变形小，力学强度中等，加工性能好，适宜制作家具和各种木制品。

家具和组件
新西兰松木有优异的粘结性与尺寸稳定性,并可以着色，是诸如家具、组件和细木家具等理想用材。

图2-11　木块咬合（二）

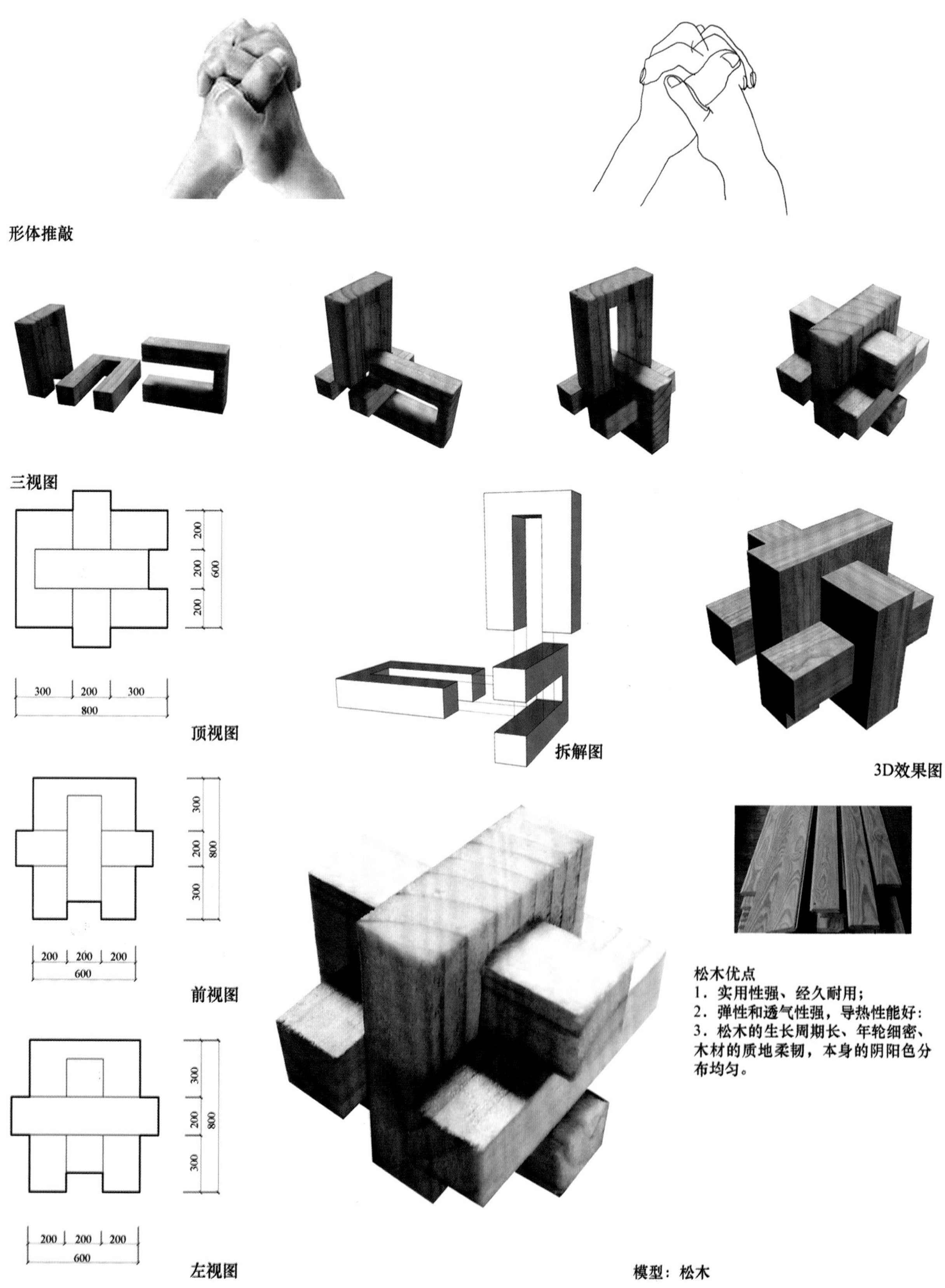
轮廓盲画
形体推敲
三视图
200
200
200
600
300
200
300
800
顶视图
拆解图
3D效果图
300
200
300
800
200
200
200
600
前视图
300
200
300
800
200
200
200
600
左视图
松木优点
1．实用性强、经久耐用；
2．弹性和透气性强，导热性能好：
3．松木的生长周期长、年轮细密、木材的质地柔韧，本身的阴阳色分布均匀。
模型：松木

图2-12　木块咬合（三）

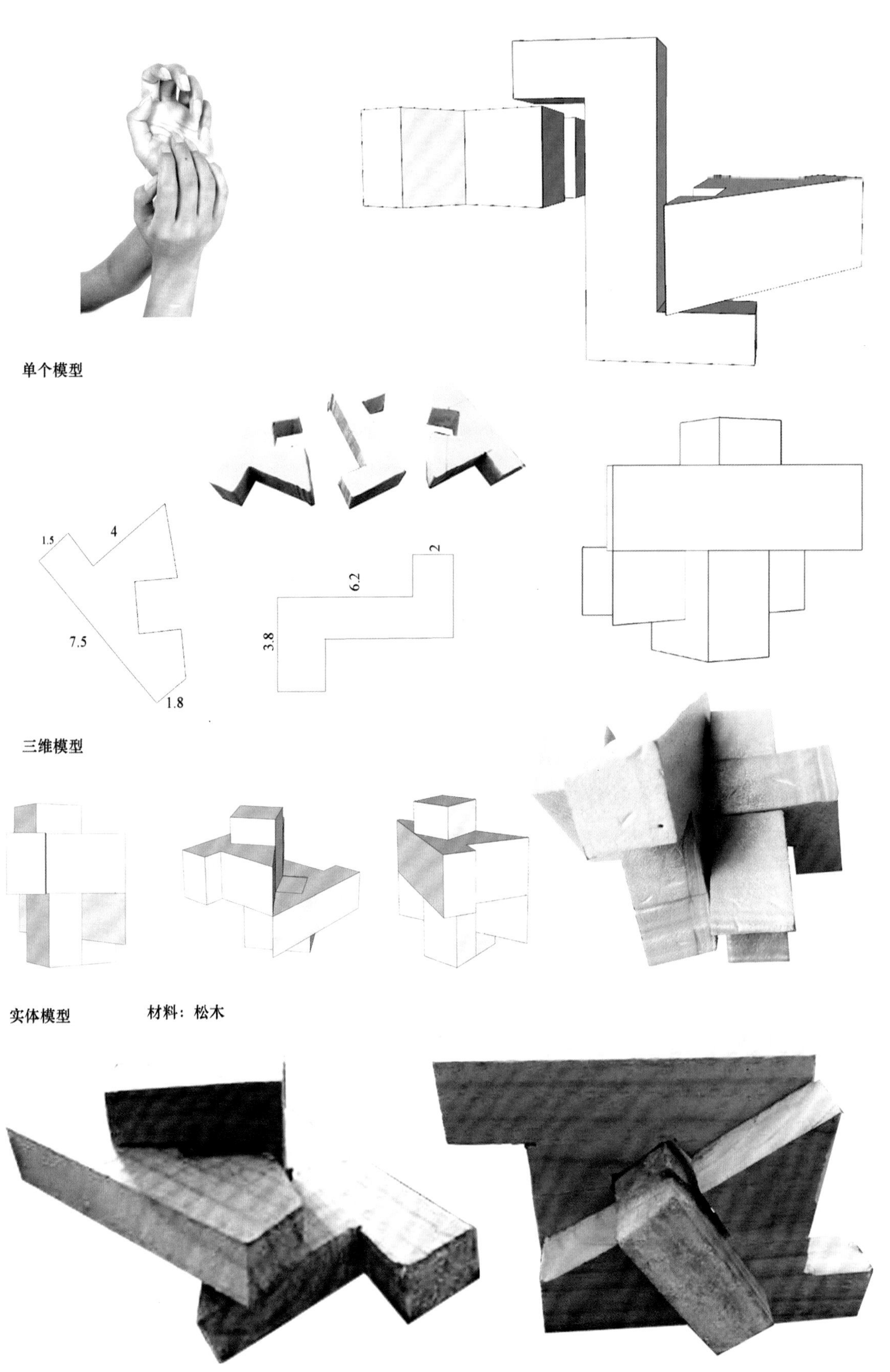

图2-13 木块咬合（四）

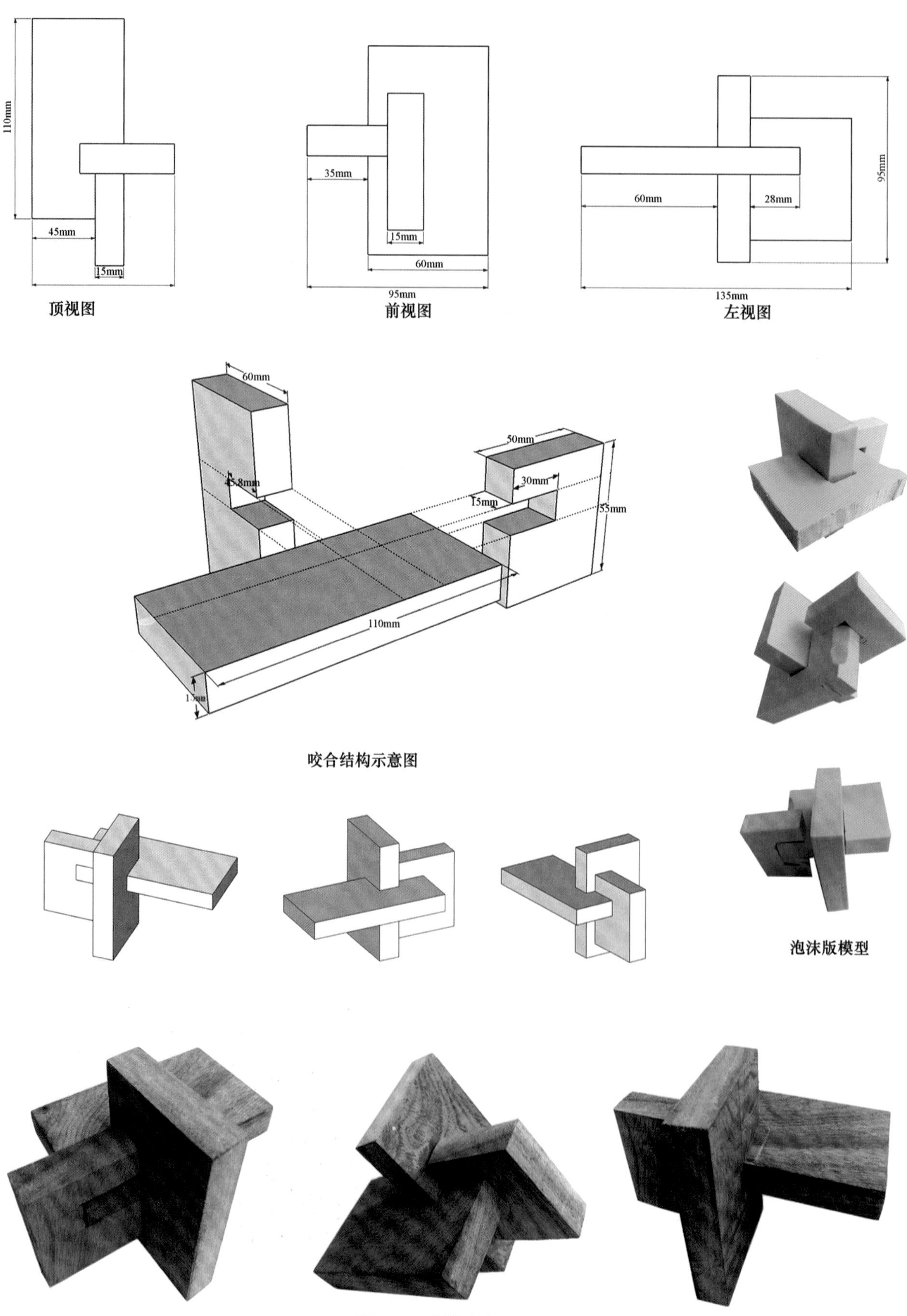
110mm
45mm
15mm
顶视图
35mm
15mm
60mm
95mm
前视图
60mm
28mm
95mm
135mm
左视图
60mm
50mm
30mm
15mm
55mm
110mm
咬合结构示意图
泡沫版模型

图2-14 木块咬合（五）

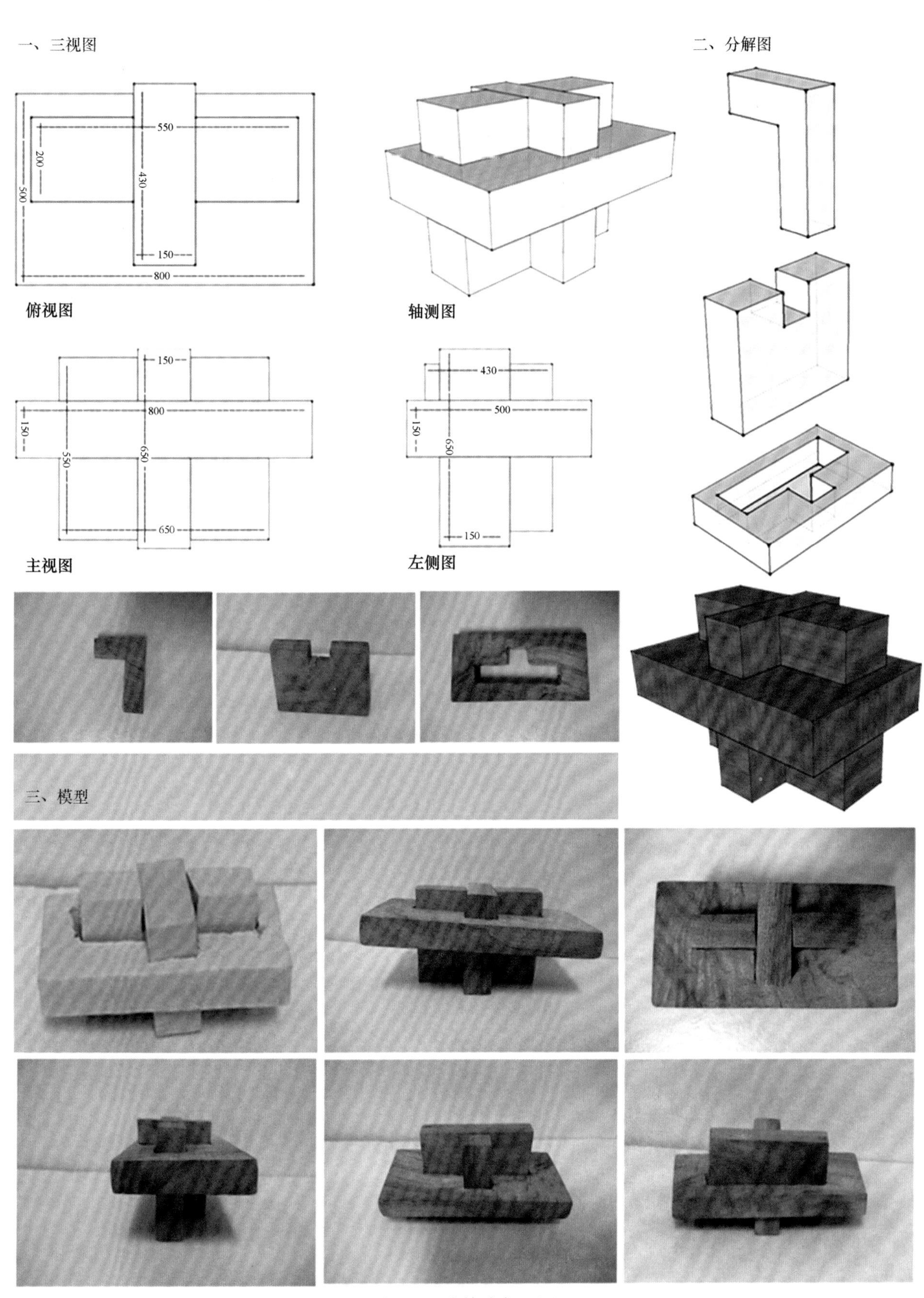
一、三视图
550
200
430
500
150
800
俯视图
轴测图
二、分解图
150
800
150
550
650
650
主视图
430
500
150
650
150
左侧图
三、模型

图2-15 木块咬合（六）

图2-16 木块咬合（七）

※ 第三节 材料基础

一、主题介绍

折叠是服装设计领域常用的手法，对于室内设计领域有一定的借鉴。服装和建筑以及室内设计的关系十分紧密，它们在本质上都具有表皮的特征。早在19世纪，德国著名的建筑师戈特弗里德·森佩尔（Gottifried Semper）就提出，建筑最初就是纺织品[①]。森佩尔认为，纺织原理可以为建成环境带来更广泛的组织的、建造的以及美学的系统。一些学者由此定义了室内空间的表皮特质。美国休斯敦大学的助理教授梅格·杰克逊（Meg Jackson）将森佩尔的相关理论作为其指导的主题课程《第二皮肤——身体及其包裹》的理论基础。该课程中提出，围绕在我们周围的表层（layer）定义了室内空间的含义。而这个表层可以从覆盖身体的衣服延伸到围绕我们周围的建筑围合体系。

折叠对于创造建筑形态具有很好的效果，但是对于室内空间而言探索不多，并且较多地关注于服装及其形态的分析。这其中，加拿大瑞尔森设计学院的室内设计项目主任洛伊斯·温斯尔（Lois Weinthal）从服装中进行借鉴，重点探讨了服装表皮和室内空间表皮的关系以及运用。虽然在其编著和论文中并没有对折叠手法进行具体阐述，但是其针对纺织品的折叠手法的运用是显而易见的。另外，相关探索不重视进一步的扩展，即在折叠的基础上，研究通过不同的转换从而产生新的可能性，而这也是本课程将探讨的核心议题。

二、任务路径

从二维形态开始，以布和纸张作为媒介，容易操作，方便教学，对操作规则做出改变则会诞生多种效果。首先，布和纸张的初始状态都是平整的二维平面，在转换成二维半以及三维形态的过程中，其工具和手法都十分简单方便。其次，将褶子这层意义单独提取出来，研究折叠的一系列手法可能产生的效果，从而突破纸张、布匹材料的限制，以折叠手法为核心，结合不同的片材可以产生多种不同的形态效果。

课程的第一个重点在于研究折叠手法，而非关于折纸、布艺的分析和调查。英国著名的纸艺艺术家和设计师保罗·杰克逊（Paul Jackson）在所著《从平面到立体——设计师必备的折叠技巧》一书中指出：“在把诸如织物、纸板、塑料、金属等二维片材制作成三维形态时，许多设计师都会采用折叠这一技巧，它可以被广泛运用在建筑、陶瓷、时装、平面设计、室内设计、珠宝设计、产品设计和纺织品设计等领域”[②]。因此，课程的导向并不是运用纸张或布匹制作一个具象的艺术造型，也不是大家所熟知的折纸和布艺，而是形态上由二维过渡到二维半以及三

① （德）戈特弗里德·森佩尔：《建筑四要素》，罗德胤，赵雯雯，包志禹译.中国建筑工业出版社2010年版，第225页。

② （英）保罗·杰克逊：《从平面到立体——设计师必备的折叠技巧》，朱海辰译，上海人民美术出版社2012年版，前言。

维形态，材料上从纸张、布匹到综合材料以及浇筑材料。折叠手法可以方便地将二维形态转换成三维形体（图2-17）。

序号	步骤	手法	工具	场所
1	布的形态	熨烫、打褶、卷曲、切割、勾线、抓取、缝纫、勾线	针线、缝纫机、刀片	服饰、窗帘、家居饰品
2	综合材料	镶嵌、切片、拼接、咬合	木工工具、激光切割机、数控机床	灯具、陈设、装置
3	模块翻制	上浆、拧搅、翻模、铸模、拼接	模子、真空压缩机、石膏塑形	空间表皮、装置

图2-17 折叠手法探索及其扩展

除了折叠，转换是课程的另一个重点，每一个阶段的转换都需要教师进行把控，启发和引导学生进行设计思维上的转换，避免漫无目的、逻辑混乱的形态探索。整个过程包含三种转换，即材料转换、维度转换和空间转换，其中维度转换贯穿在材料转换和空间转换的过程之中。因为，维度是基本的转换，材料和空间的变化都不可避免的涉及维度的变化（图2-18）。

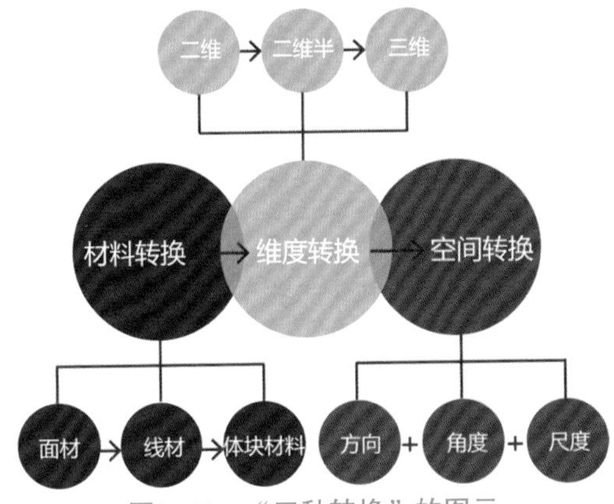

图2-18 “三种转换”的图示

1. 前期调研与形态分析

第一个阶段主要训练学生调研查找资料和基本的形态推演的能力。为了避免学生漫无目的地查找资料，可以适当地对任务进行明确规定：前期调研需要对调研的主要方面进行详细说明；形态分析则可以罗列出一些成熟的、常见的手法对学生的设计思维进行引导。具体而言，首先寻找此次课题的设计来源，即选取自己所感兴趣的服装图片，要求寻找具有一定视觉秩序的女士服装，从款式、肌理、面料等方面进行分析。同时要求对其装饰图形进行提取，分析其基本的构成关系，进而按照图案设计的一些基本手法进行变形处理。这些手法包括：轮廓、描图、抽象化、图底关系、图底反转、结构类型、线性关系、图形边界、几何图形、表皮处理、简化提炼、旋转、尺度转换（放大缩小、镜头推进）、色彩提炼（三种色彩以内，罗列RGB数值）、转换（偏移、旋转、叠加）等（图2-19、图2-20）。

2. 身体的覆层

身体的覆层需要制作一个可以覆盖在身体上的表层，研究布料这种材质制作肌理，即面料立体化的可能性。在设计思维上，需要引导学生超越前一阶段单纯的形态研究，

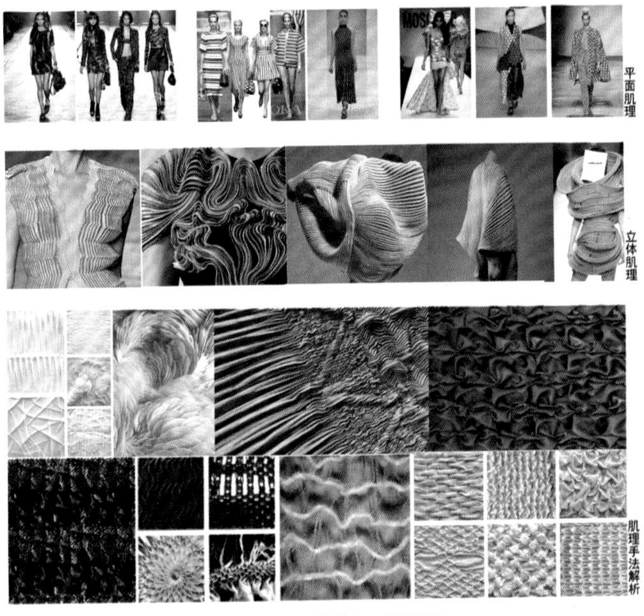

图2-19 服装肌理调研

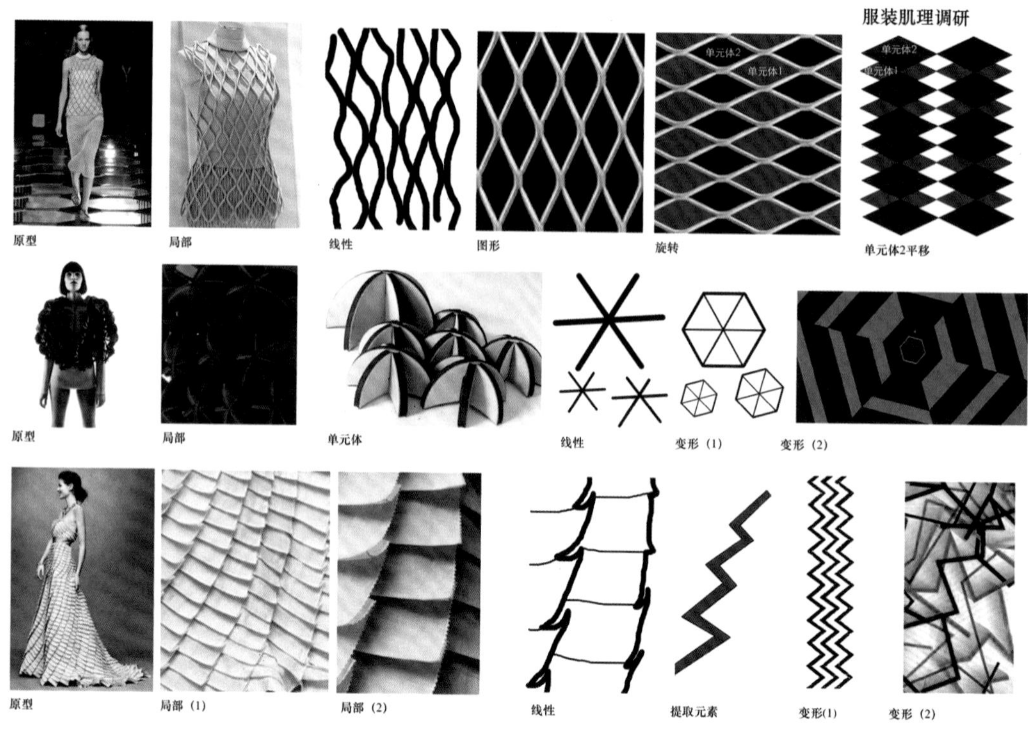

图2-20　形态分析

借助于布料媒介将前一阶段的形态反映出来，并且最终形成适合身体尺度的、可以覆盖在身体上的表层。由于布料这种材质的介入，也引发学生开始新的思考。这一阶段，需要引导学生以折叠手法为核心，突破关于折叠的常规思维。其实折叠是一种有效的设计手法，设计师可以通过折缝、打褶、弯折、扭曲等多种折叠手法将二维片材转换成三维物体。世界上几乎所有的物体都是由片材制作而成（如面料、塑料、金属板材、纸板），或是用组件制造出来的板材形式（如用砖块砌成的砖墙就是一个平面形），因此，折叠被视为所有设计技巧中最常见的方法之一。[①]面料首先是一种二维的状态，要制作立体化的效果，需要以面料的折叠为基础进一步研究布料和服装加工的一些基本工艺和手法。面料立体化制作是这种材质的一个重构过程，通过各种不同的工艺手法改变面料原有的形态或在原来面料固有的形态上增加变化从而形成立体效果。不同工艺会产生不同的效果，因此，学生需要查阅一些服装面料加工的实际案例，或去服装工作室进行实地考察，进而选择一个适合自己前期推导出来的图形纹样。

在具体制作上，首先，需要明确面料的选择。面料是服装表皮形态的基本载体，在进行面料立体化设计之前，需要根据设定的造型效果选择合适的面料进行制作，如皮革、呢绒、棉布、混纺、化纤、丝绸等。不同的面料具有不同的质感，所制成的效果也有所差异，如软、硬、厚、薄、垂、挺。此外，各种面料的特性也应加以考虑，如强韧性、抗皱性、伸缩性等。其次，需要考虑制作工具的选择。不同的制作工具导致不同的制作方式，所产生的效果也不尽相同。常用的制作工具有针线、缝纫机、熨烫机、切割机等，目前从操作性上而言，提倡采用手工缝制。最后，具体的制作，一般需要打格画点连线进行控制，先在面料的反面按比例打围棋格，而后根据不同效果肌理的针点位置画点，并将其连线。随后挑针抽线打结，挤、压、拧。根据点的不同位置，用针从正面或反面挑针，而后根据连线的不同、距离的长短、不同形状、不同位置、不同先后走针，并将勾完的一个形状抽线打结，最终完成一个立体肌理的制作。图案可大可小、可断可连。用相同的手法将其排列有序的连线图案逐一挑针抽线打结，然后将面料翻面，完成立体肌理的制作（图2-21～图2-23）。

① （英）保罗·杰克逊：《从平面到立体——设计师必备的折叠技巧》，朱海辰译，上海人民美术出版社2012年版，前言。

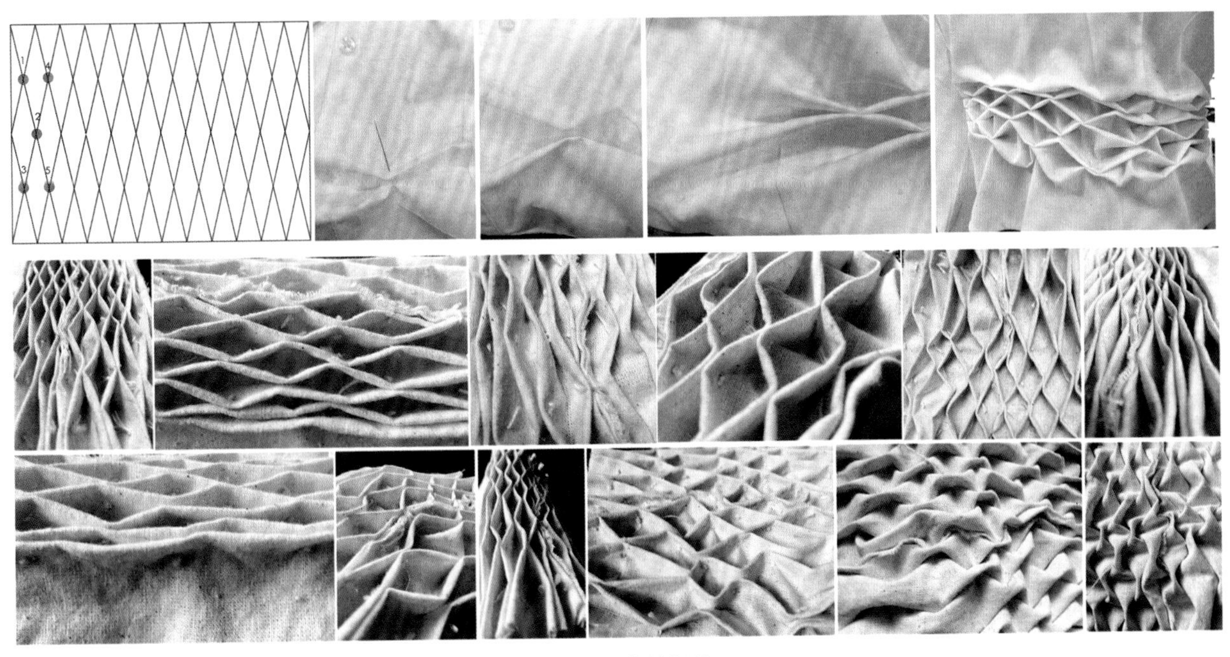

图2-21 布的折叠

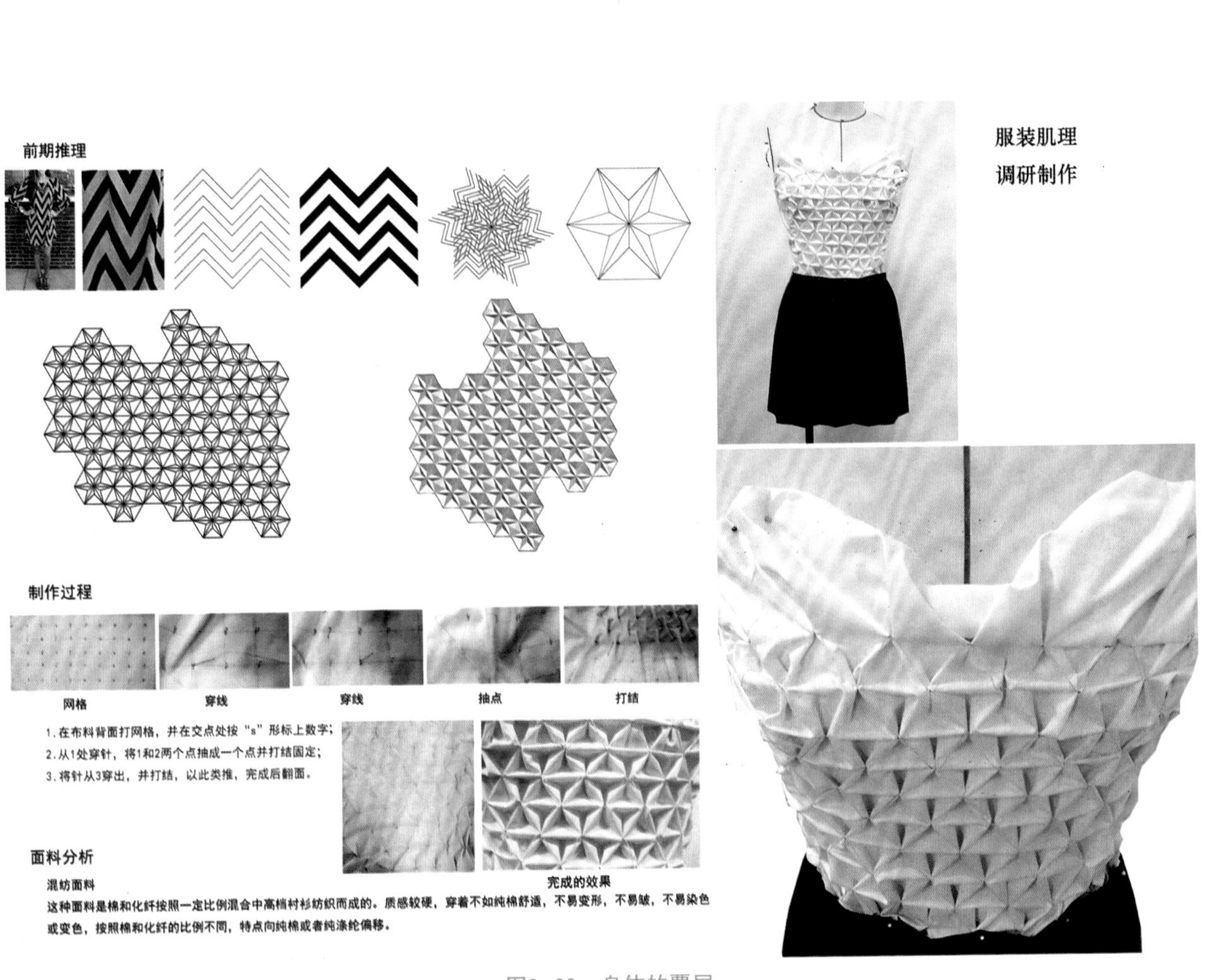

图2-22 身体的覆层

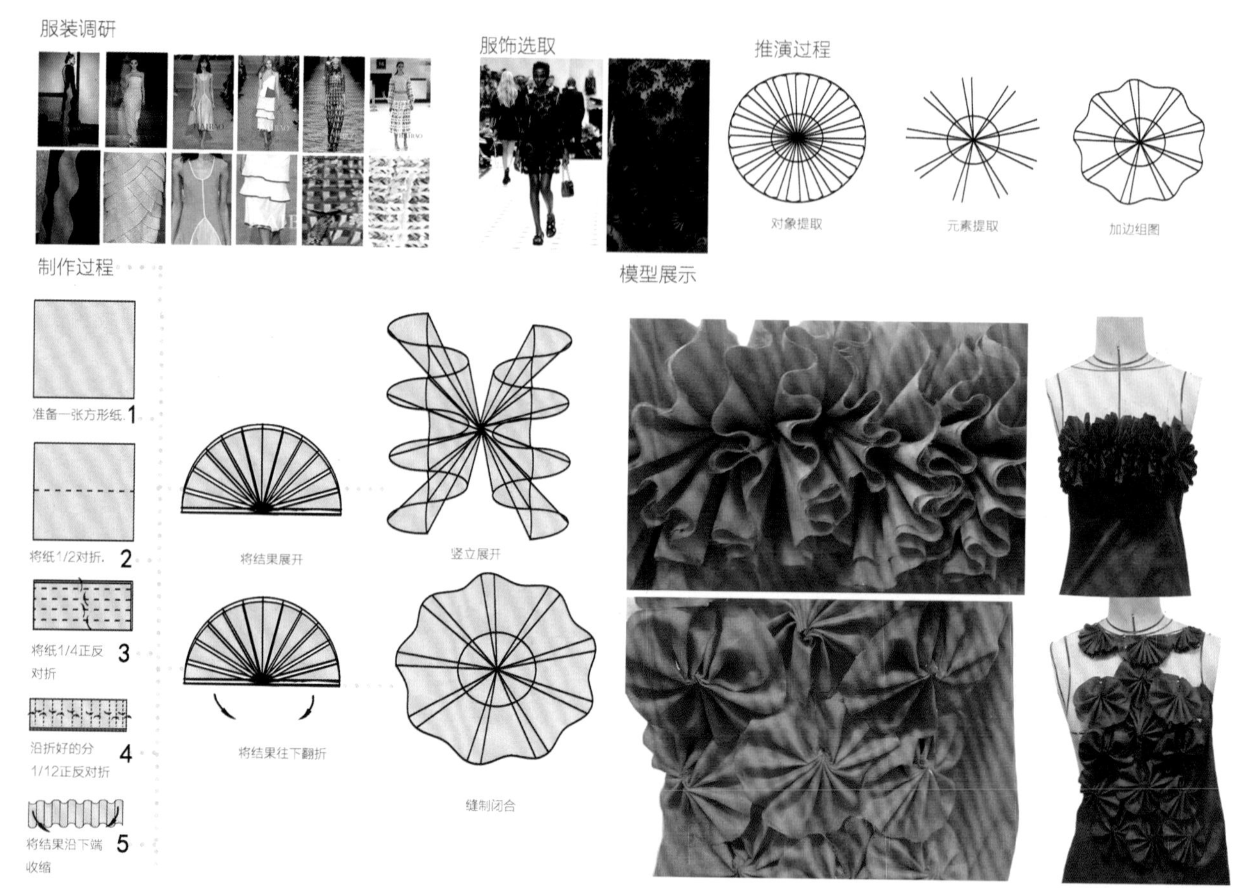

图2-23 空间的转换

3. 材料的转换

材料的转换建立在“身体的覆层”的基础之上，在“身体的覆层”这个任务中发现的空间形态，将会采用另一种材料对其进行再造。对于设计思维而言，需明白在保证基本形态延续的基础上，“身体的覆层”所采用的布料是可以被其他材料替换的，不同材料的介入会产生新的效果。材料的感知和研究对于室内设计而言也是一项基本技能。

在具体操作上，要求完成两次材料转换：第一次转换要求将形态从一种弹性的材料（布料）转换成一种坚硬的材料（面材）；第二次转换要求将形态从一种坚硬的材料（面材）转换成流体塑造的材料（块材）。

针对第一次材料转换的任务，首先需要拍摄“身体的覆层”的形态，并将这个文档作为后续深入研究的记录。以此为基础重构身体覆层所产生的形态，它应该是有维度的，而不应该是平面的。在转换的过程中，选择不同的材料进而会产生新的问题和产生新的形态的可能性。其次，以该形态为基础进行材料替换。为了延续“身体的覆层”的形态特征，可以先采用板材进行探索。研究模型可以采用硬纸板，最终确定的结果模型可以采用模型板。为了提高准确度，鼓励学生使用激光切割机进行操作（图2-24、图2-25）。

图2-24 面材的转换1

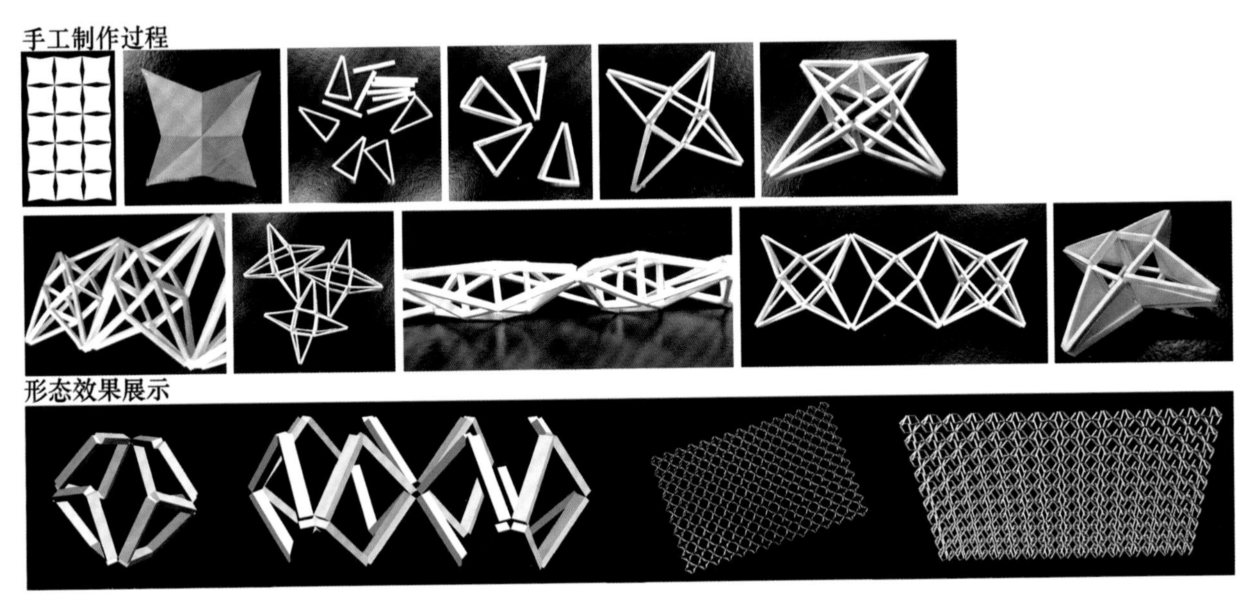

图2-25 面材的转换2

第二个任务需要综合前面的探索，选取一个适合于翻模处理的形态进行制作。基于课程操作的方便性，可以选择石膏作为流体塑造的材料。石膏是一种可以很好记录下细节的材料，如纺织物的编织纹理，可以将这个石膏模型看成制作室内表皮肌理的基本单元。另外，需要考虑光线（自然的或人工的）是如何穿过它并投下阴影的。每一个模块的尺寸不小于（30cm×30cm×X），无论是水平方向还是垂直方向，X代表厚度。这两个铸件必须保留前一个步骤的痕迹，就像前一次的材料转换保留了“身体的覆层”的痕迹一样（图2-26）。制作工艺上需要注意：先通过模型板、泡沫板等将所需翻制的模子制作出来，接着用按比例调和的石膏粉灌入做好的模子内，待石膏干后，拆掉模型板即可。由此完成从面料到综合材料再到流体塑造材料转换的立体肌理制作工艺。

4. 空间的转换

空间的转换过程要求完成从身体的尺度转换到室内的尺度。对此，Jesse Reiser和Nanako Umemoto在他们的*Atalas of Novel Tectonics*一书中的 Diagram Deployment 章节中呈现了一个很好的例子。文章首先呈现出一幅被布帘包裹的人物图像。在一系列的图示演变中，布帘被提取出来，旋转90°、放大尺度、拼贴成为装饰图案。在最小的

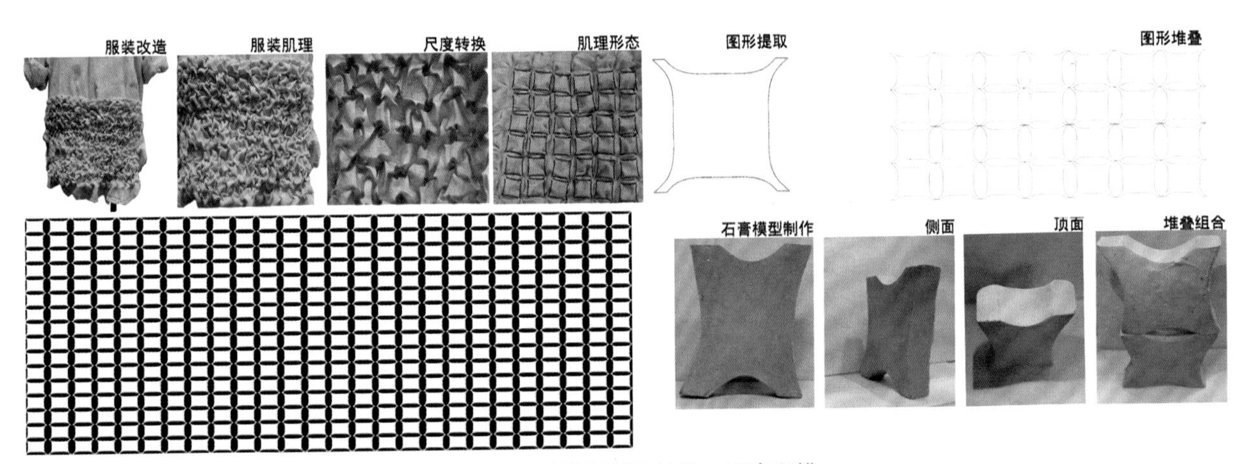

图2-26 体块材料的转换—石膏翻模

尺度上，它被穿插进一个房间，然后被放在一个靠近建筑物的场地上，最后与山体并列，布帘的褶皱和山地景观融为一体。这一系列图示显示出，当布帘覆盖在人体上时是缺乏趣味的，因为这个尺度所获得的期待感是有限的，但是当放大尺度并将其放在室内或者建筑旁边，人们失去熟悉的语境，则会产生更多的形态趣味（图2-27）。

这个案例说明，基于空间环境的不同而进行的空间转换，即方向、角度、尺度等转换可以为人们带来全新的体验和观感，而欲将同一设计元素运用在室内空间环境，则需要注意空间的转换。因此，这个阶段需要学生将前期探索的同一形态通过空间处理手法完成转换，从适合身体的尺度过渡到适合室内空间的尺度（图2-28～图2-31）。

课程从简单易行的二维状态的面料的折叠开始，通过四个任务，即前期调研和形态分析、身体的覆层、材料的转换和空间的转换，探索形态在不同阶段面对不同需求产生多种可能性。每一个阶段都试图解决不同的问题，这其中的侧重点不是在各个阶段功能的考量上，而是在每个阶段的肌理以及形态的探索上。这个课程其实也试图告诉学生，室内设计总是试图从服装设计等领域寻找形态灵感，但是更应该学习如何完成不同的转换，而非简单地照搬。

At the scale of clothing and furniture, the form appears natural.

Beyond the Scale of Furniture but Smaller than a House

At this intermediate scale (that of the interior), the form is indeterminately furniture and partition.

Larger than a Building and Smaller than a City

At this scale the form, while alien as a building type, begins to become coextensive with urban networks, the natural/artificial geography of the city.

Larger than a House and Smaller than a Building

The form approaches the scale of a small landscape feature but runs the risk of being mimetic. At this scale domestic networks may interact with the form in a non-normative way.

At the Scale of the Landscape, the Form Appears Natural Again

At this scale both the form and the network have slipped back into conventional relationships: folds appear in cloth and rock alike.

图2-27 空间的转换

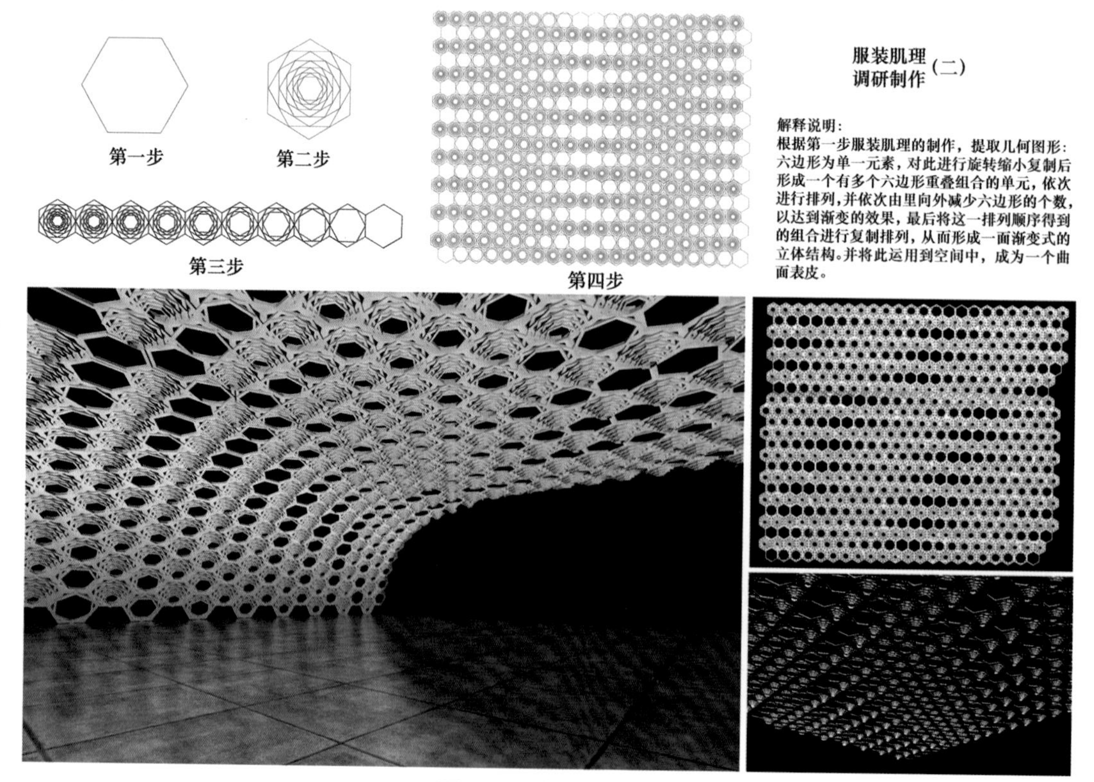

图2-28 空间的转换

服装调研制作（二）

步骤一

1.服装推演的元素提取

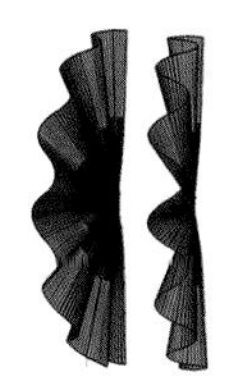

2.曲线叠加方式展示

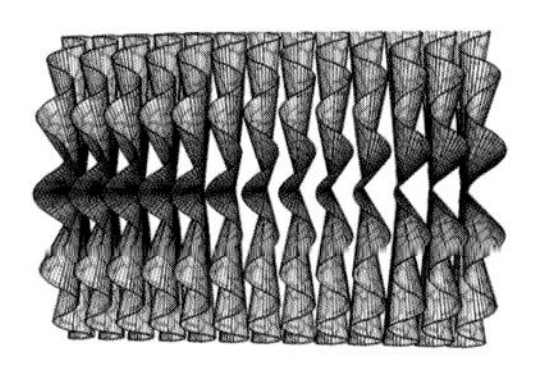

3. 模数化单个元素

4.效果展示

5.效果展示

步骤二

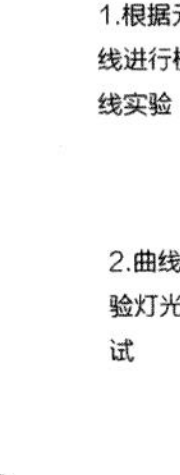

1.根据元素的曲线进行模型的曲线实验

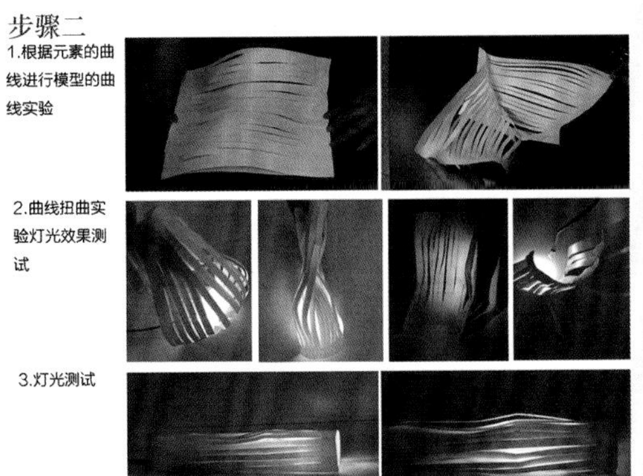

2.曲线扭曲实验灯光效果测试

3.灯光测试

步骤三

从布料到模型，并将这种曲线延伸到室内空间中进行一些应用，这种曲线来源于中国汉代服饰层层叠加的美感，运用到室内，它的透明感与叠加感体现了趣味与实用的结合。

图2-29　空间的转换

图2-30　空间的转换

图2-31　空间的转换

※ 第四节　设计思维

一、主题介绍

城市与人们日常生活关系密切，现代文明的重要基石之一在于城市文明的发展。当前越来越多的人在城市中生活，城市不仅为人们带来了生活的便利，也给人们带来创造美好生活场景的灵感。因此，对城市生活进行观察和体验可以成为一个启发智慧，激发创意的重要来源。在本课题中可以对城市中心地带进行调研，寻找图案与装饰。从平面图、照片、文献资料和实地考察出发，研究一个公共空间，从中提取一些能够对自己产生共鸣的形态元素，以此为基础进行更进一步的探索。最后通过素材的收集和对城市的所见所感，设计一个特定场所的装置。

以下所用的一些案例来自于中国苏州工艺美院和波兰克拉科夫艺术与设计学院、法国斯特拉斯堡柯布西耶学校（DSAA）三所院校为期一个星期的短期工作坊性质的课程。在课程开展过程中，中方学生和外方学生首先各自对自己所生活的城市进行调研，挖掘创意题材，然后相互交换前期调研成果，在此基础之上，继续进行创作，以跨文化的视野进行形态的推演和艺术的创作。

二、任务路径

1. 现场调研

寻找“城市中的图案和装饰”，尤其是对具有一定构成感的抽象的元素进行收集。在调研过程中，需要注意主要以拍照的方式进行记录，要求对每一个图案进行两个角度的拍照，即有一张是显示全景的照片，扩大取景范围，把背景拍入（可以显示图案所在地的背景）。另一张需要缩小取景范围，只表现图案本身的状态。拍照之后可以以照片集的方式发布出来，方便相互交流。

2. 交流和讨论

将收集到的图案与对方进行交换，即每一个法国、波兰小组选定一个由中国小组寄来的图案，充分发挥想象力，用各种可能的材料改变原来的图案语汇，改变原有造型、材料、尺度等。最后改造的结果需要提交一个1m^{2}或1m^{3}的作品，并且需要布置展陈形式，同时保持网上动态发布，方便交流。

3. 媒介转换

在前期工作的基础上，完成从图案到图像、物品、空间的转换。把图案作为设计的基础，针对基本的形态成果，对其进行发挥，将其运用在一些特定的媒介上，如书籍平面设计、餐桌艺术、销售空间等。

4. 空间转换

根据自己所在城市的公共空间，重新设计同类型的地方（参照第一天所拍照片的环境地），运用设计师的技能，将图案重新导入这个环境地。在表现形式上，可以将其设计成一个具有艺术感的装置，表现形式可以多元化，如照片蒙太奇、模型以及其他表现形式。需要思考的是在一个公共空间中，通过图案的对比、重复、变化和运用，公共空间产生了怎样的变化。

5. 方案展示

最后，需要对所有的工作进行总结，将其合理地布置出来，并且需要完善地进行讲解汇报。

以下选取的是几个法国小组的阶段性成果展示。

（1）法国小组GROUPE9 CRACOVIE（图2-32～图2-35）。

（2）法国小组NIECUT（图2-36～图2-41）。

图2-32　寻找“城市中的图案和装饰”

图2-33　法国小组选择中国小组的这张照片进行深化

图2-34 法国小组作品的制作过程

图2-35 作品在城市中的运用

图2-36　前期研究

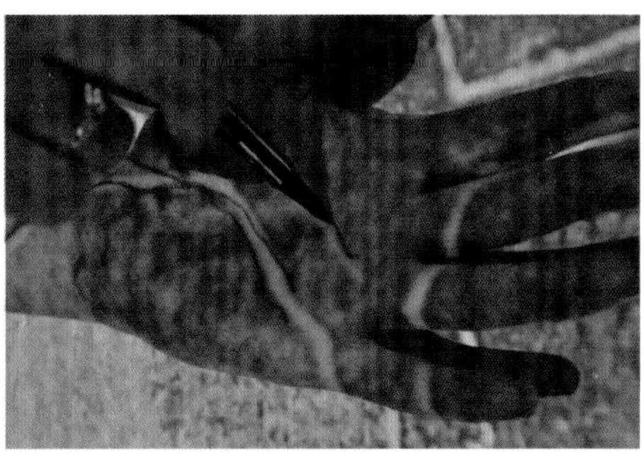
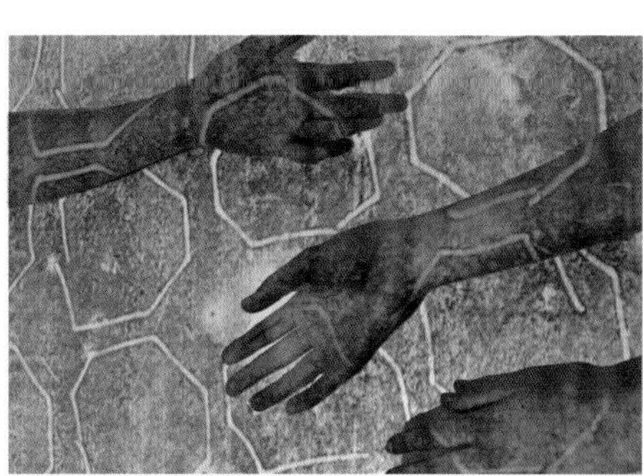

图2-37 图案被应用在皮肤和身体上做实验

图2-38 在凹凸不平的面上测试

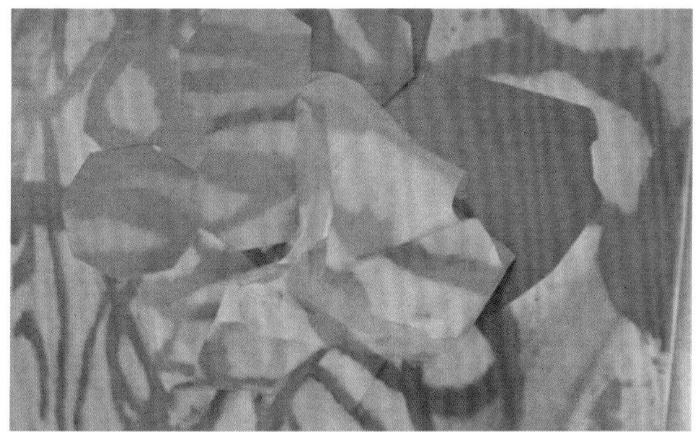

图2-39 探索的深化

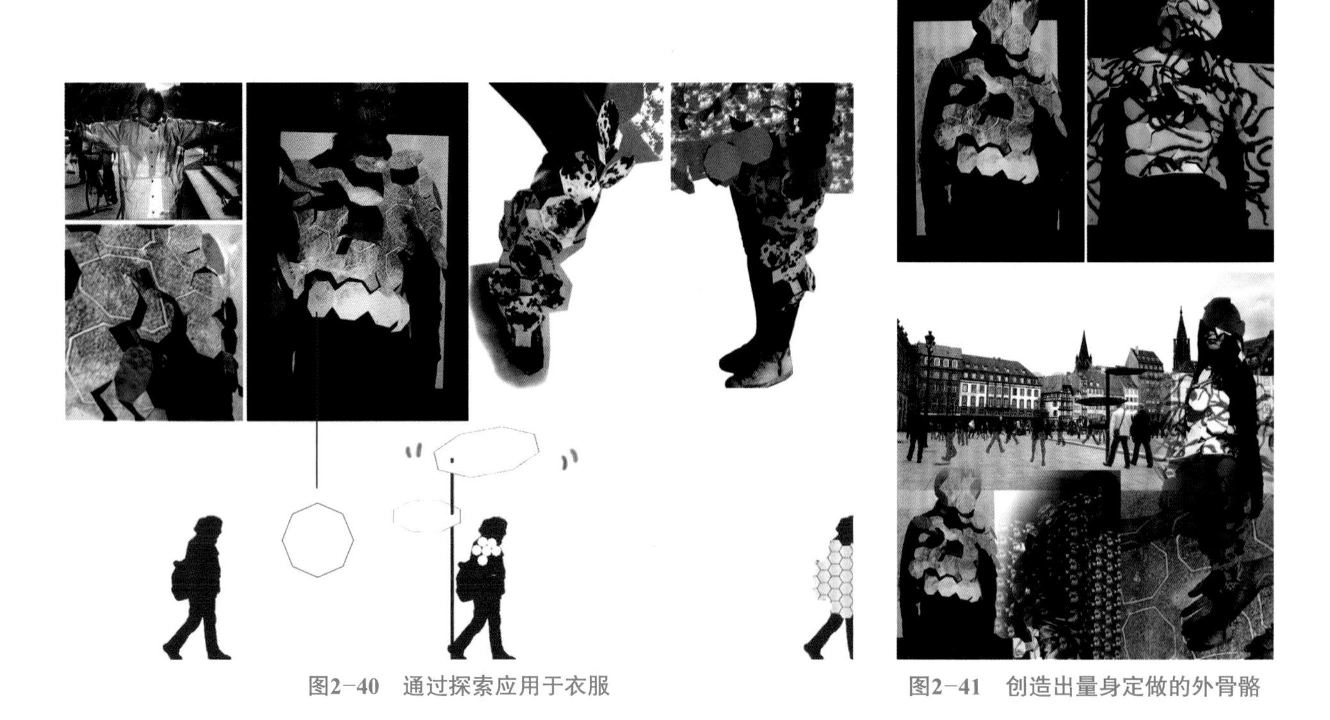

图2-40　通过探索应用于衣服

图2-41　创造出量身定做的外骨骼

进阶练习

1. 根据自己所在的城市，选取一个体现传统文化的木构图案，研究其材料、结构、工艺等因素。然后参考文中介绍的流程，按照“形态推演”“元素转化”“创新运用”几个不同的阶段完成一个作品，作品可以是运用于某个空间中的表皮或者装置。

2. 研究日常生活中的“咬合”现象，对其进行结构分析，勾画草图，然后通过泡沫板的模拟，制作一个包含三个部件的模拟咬合结构，最后选择不超过三种材质的木材对其进行转化制作。

3. 探索从柔性的布面材料到综合材料及固态材料的转换过程，研究这些不同材料在不同设计载体上的运用方式。参考文中所列案例，首先调研服装肌理及其工艺，制作一个能够覆盖身体的设计，然后将前一阶段的设计元素通过其他材料转换成可以运用在空间中的表皮或者装置，最后将其转换成固态的适合于特定空间的空间表皮或装置。

4. 训练设计思维及其转换，在市中心寻找一处富于形式美感的建筑，拍摄出反映全貌和局部图案的照片各一组，提炼一个设计主题，经过形态转化，将其运用在人体、城市、空间等不同场合。

第三章 室内设计项目实践

建筑表皮欣赏

博物馆建筑设计案例赏析

从事室内设计本身就是一种很有价值的职业，既可以扩展知识面又可以提高美学修养。室内设计是富有朝气、鲜活而动态的，从不会呆板。世界在变，人生在变，而设计也随之前进。一件设计作品实际上根本无所谓“完成”，因为生活永远在变，我们也会不同。

——卡拉·珍·尼尔森，戴维·安·泰勒．美国大学室内装饰设计教程．徐军华，熊佑忠译．

进阶目标

1．了解机构空间的基本知识，通过机构空间的室内设计掌握室内设计的基本流程；

2．了解展示设计的前期工作及展示的总体设计，巩固基本知识，掌握展示设计的过程与表达，提高快速绘图能力，能独立完成展示设计任务，提高设计思维和制作能力。

室内设计的学习需要对专业知识有比较清晰的理解，在此基础上通过不同的专题设计真正掌握科学、合理的设计流程和创新思维方法。本章主要针对岗位职业能力的基本要求，选取目前市场上比较常见的几种类型的室内空间设计进行具体介绍，希望学生掌握发现问题、分析问题、设计调研、设计思路、设计表达等基本素质和技能。

图3-1 旧金山 One Kearny 门厅

※ 第一节 机构门厅空间设计

一、项目介绍

室内设计的项目实践训练需要循序渐进，以设计任务进阶的方式展开练习。这个项目属于比较基础的设计实践项目。项目选取一个机构门厅进行改造设计，项目空间不大，易于把握，空间功能单一，适合初学者。作为初级的练习项目，需要对完整的室内设计流程进行介绍。场地将以一定的主题作为情景预设，让学生根据其进行形态推演和场地分析，发现场地问题，寻找设计策略，并将文化主题贯穿于空间之中。项目训练的目的是通过一个特定主题的室内空间的设计，让学生掌握基本的室内设计流程，熟悉室内设计的表达方法，培养学生的设计方案陈述能力。

二、设计案例

1. 旧金山One Kearny门厅

旧金山One Kearny门厅是由建筑师Lisa Iwamoto和Craig Scott合作设计的一个办公楼门厅（图3-1）。该建筑位于旧金山市区艺术馆街区。设计师从旧金山历史建筑中寻找设计灵感，以模块化装饰表皮为概念，结合功能和场地情况设计了一个装置。此设计将传统的天花藻井转变成一个抽象的、折叠的、发光的木制装饰灯。每一个锥形吊灯都是采用折叠不透明木饰面板制成的。同样的木饰面方式被延续到前厅与后厅之间连接电梯的空间。而它所呈现的形态来自于对天花板上木制装饰灯的几何形态的展开，并对其进行缩放调整，形成特定的几何形态，从而适合不同的空间角度。枫木面板在空间的折叠、延伸，模糊了墙面与天花的界限。为了达到可持续设计的效果，使用了环保型木材质，并且天花吊灯使用了LED灯，可以根据光线情况调节亮度。另外，该设计采用了激光切割和数控机床技术，尽量避免浪费。

2. 奥斯汀艺术馆

奥斯汀艺术馆位于奥斯汀市中心议会大道700号。这个三层砖砌建筑始建于1851年，先后经历过药店、剧院、百货商店等不同功能的转换。1995年，得克萨斯美术协会买下该建筑。2010年，由来自于纽约的LTL建筑师事务所完成对其改扩建的设计。由于预算有限，设计上需要尽量利用原有结构。针对这种要求，LTL的策略是强化历史的累积感，运用加法来处理空间。其中做的最大调整就是充分利用了之前难以进入的二层空间。连接一层和二层的楼梯设计，充分引导人流进入二层。原先密集的柱子被移除，代之以可移动的悬浮墙体。保留了建筑大部分原始特征，如木质天花、钢构架以及剧院时期留下来的壁画。另外，一个重要改建就是5 000平方英尺的巴西硬木木质露台。露台上安装大型荧幕，定期播放相关影片。建筑外观墙体不均匀嵌入了177个玻璃块，不仅可以让光线进入展示空间，同时也使建筑在视觉上具有现代感。绿色玻璃块簇拥在最需要光线的区域。晚上则由嵌入其中的LED灯照亮玻璃块（图3-2～图3-4）。

图3-2 奥斯汀艺术馆（一）

图3-3 奥斯汀艺术馆（二）

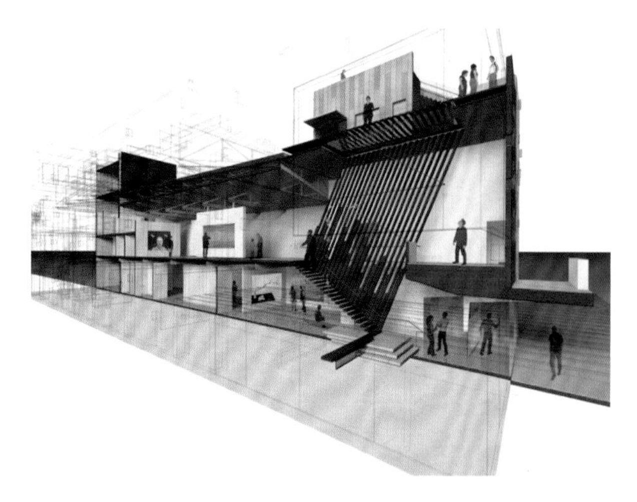

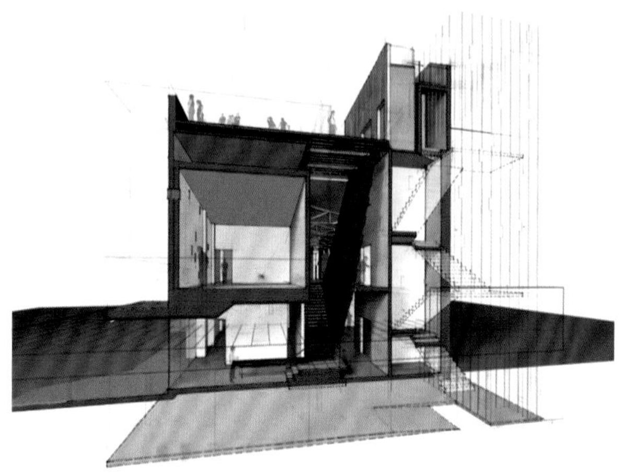

图3-4 奥斯汀艺术馆（三）

三、知识点

1. 机构门厅空间

门厅空间在功能上属于引导和分散人流的重要节点，并且往往代表着一个机构的形象，属于十分重要的空间设计。不同机构的门厅空间需要针对空间的不同需求，进行具体的空间功能设计，如学校教学楼的门厅空间就需要体现出为学生服务的宗旨；如果是设计类学校，则需要考虑临时性展览的需求；同时还应提供一定的休息功能，满足师生、学生之间交流的需要。而针对不同的专业还要表达不同的专业特质，如设计类专业的大楼门厅就不能像商学院那样较为严肃，而应更加灵活、生动，具有很强的艺术设计感。

2. 室内空间的表皮策略

表皮处理在我们的日常生活中无处不在，如壁纸、面料、涂鸦、印刷品甚至文身。这些表皮的处理方式很容易为室内设计空间所借鉴，进而转化为室内空间的丰富表情。而表皮不仅仅具有形式上的装饰美化作用，不同的表皮还具有不同的功能需要，如动物表皮可能具有其特定的生存需要。而人类创造的表皮更因为文化背景的介入而具有社会含义，如城市中的广告灯箱形成信息传达的视觉语言，城市涂鸦可能代表着反叛精神或者艺术气质，服装上的图案可能预示着一定的社会地位或者反映着审美趣味，文身标示着个人特征或者文化符号，壁纸是为了营造特定的空间氛围等。因此，表皮处理具有一定的功能性，并且由于社会背景的影响而对人们而言，具有更深层次的含义。如LTL建筑师事务所设计的位于纽约的Fluff面包店以垂直于街道的角度，将无数个染色胶合板固定在室内空间表面上，产生令人头晕目眩的表皮意境，达到吸引路人进入店面一探究竟的效果（图3-5）。又如位于丹麦哥本哈根的Llama餐馆，运用彩色的瓷砖、黑色的家具、充满活力的绿植墙和铜质的灯饰，创造了富于活力的餐饮空间，尤其是墙壁和地板内衬手工制作的墨西哥水泥花砖，花砖上的图案设计既有拉丁美洲的热情，又有哥本哈根式的沉静（图3-6）。

图3-5 纽约Fluff面包店

3. 空间表皮概念

表皮在《辞海》中的定义是："人和动物皮肤的外层、植物体和外界环境接触的最外层细胞，体内外气体交换的孔道，调节水分蒸腾的结构"（图3-7、图3-8）。虽然建筑表皮极力模仿生物表皮，但远远达不到生物表皮所具有的智能性。建筑表皮，广义而言是指人们通过触觉、视觉直接感受到的建筑表层，包括内部和外部。表皮设计并不是一个新事物，

图3-6 哥本哈根Llama餐馆

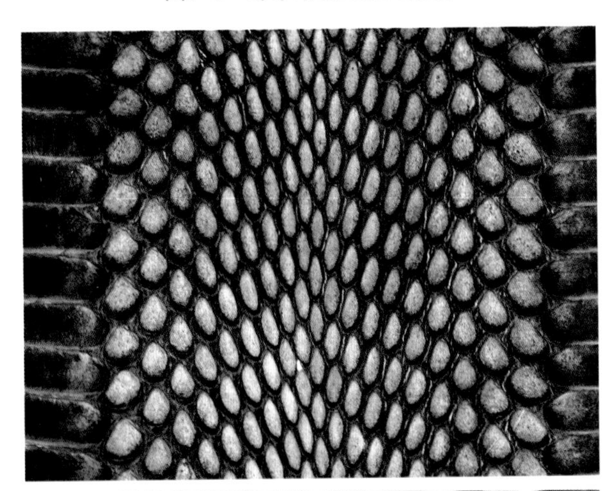

图3-7 动物表皮

而是在建筑出现之初就已经存在，从帕提农神庙山花的装饰到天坛的藻井，再到人们身边大大小小的现代建筑，无不属于表皮设计范畴，只不过关注的焦点不一样而已，古代建筑表皮设计关注美学形式和象征意义，而现代建筑则关注建筑体量与空间。

建筑空间和建筑表皮共同组成建筑形式，在建筑的发展过程中相辅相成，伴随建筑的演变而有不

图3-8 植物表皮

同的表现形式。20世纪由于框架结构的出现，承重结构与围护结构分离，导致空间的解放和表皮设计的多元化。现代建筑视空间为建筑的本质，表皮设计被抑制，经过后现代主义的多元化发展和极少主义的影响，表皮设计已经成为当今国际建筑界的主流（图3-9～图3-11）。

图3-9 建筑表皮处理（一）

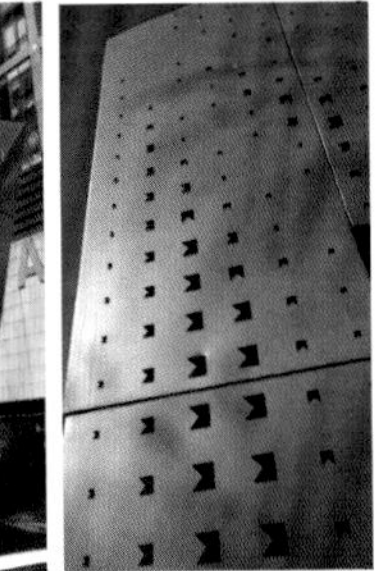

图3-10 建筑表皮处理（二）

4. 表皮的构成类型

构成是一种造型方式，其含义是将相同或不同的单元形态组合构成一个新的单元。通过编排和组合材料，以理性和逻辑推理来创造建筑表皮形象，包含点、线、面、体、色、空间等构成要素，同时也包含着形式美法则，如对称、重复、节奏、韵律、统一、对比等。通过这种构成形式创造的建筑表皮具有一定的骨格原理，既严谨又富于变化。

图3-11　室内空间的表皮处理

四、实践程序

本项目的实践环节以体现地域文化主题的形式进行课程设计。主题确定为“江南花格”。以此为基础，学生根据花格窗进行概念生发设计一个学院系部的门厅空间。

任务一：设计调研

选取一个代表性的传统苏式花窗，对其进行调研，了解花窗的文化寓意、类型特征并分析其组合方式。对其进行实地测绘，然后进行CAD绘图。其中，测绘图需要标注基本尺寸。分解图体现基本图形提取、网格线、组合方式。在这个过程中，注意解决的问题包括对尺度的把握以及尺寸在实际测量和计算机虚拟之间如何转换。

任务二：形态推演（图3-12～图3-14）

以测绘为基础进行图形的分析和推演，其目的在于学习如何从历史元素中发掘形态来源。这个过程通过制作一个花格分析的图版进行表现。制作图版的过程中，可以对花格的背景知识进行学习，如其运用的场所、装饰的寓意、形态的组合方式等。

图版的内容分析中，可以明确地将内容进行系统化表达。内容上可以通过如下方面进行表达：花格名称、使用于何种地方、花格寓意、组织方式（点阵分布、放射状分布、线状分布、中心式构图等）。

形态转化可以按照一定的方法进行探索，如分析二维图形的图底关系、线性关系、图形边界关系、尺度关系、色彩关系等，在此基础上进行三维演化。

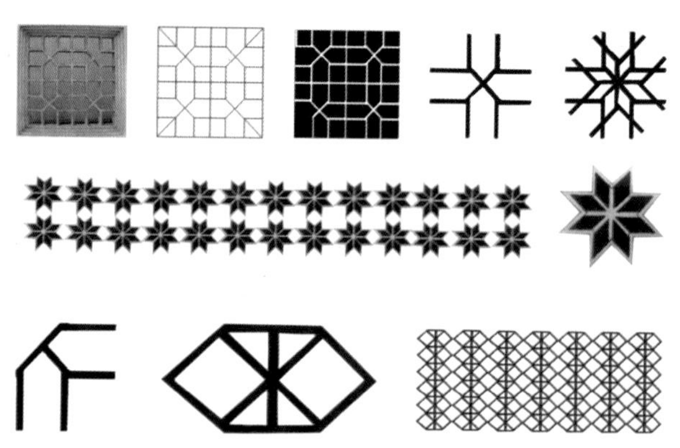

图3-12　花窗形态推演

图3-13　形态的推演

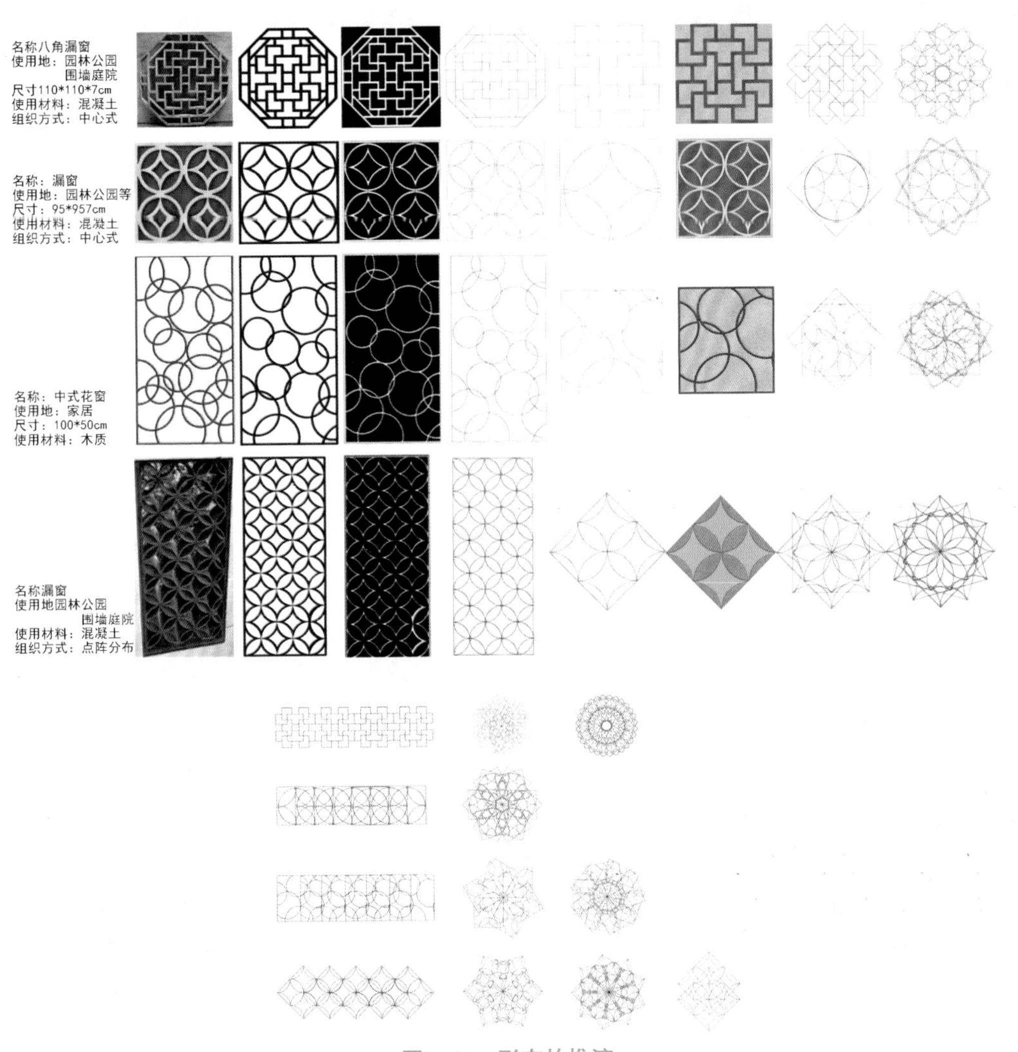

图3-14　形态的推演

任务三：表皮分析（图3-15～图3-19）

掌握构成艺术设计的基本规律，剖析、借鉴建筑表皮类型设计，对室内设计具有很好的借鉴意义。建筑表皮网状肌理，粗细交错、虚实相间，形成丰富的层次感，在不同的光影中产生千变万化的视觉效果，具有极强的视觉冲击力。有的建筑表皮设计借鉴一定的仿生学原理，打造会呼吸的表皮，产生很好的功能效果。

图3-15　建筑表皮分析（一）

建筑表皮案例分析 ——上海世博会波兰馆

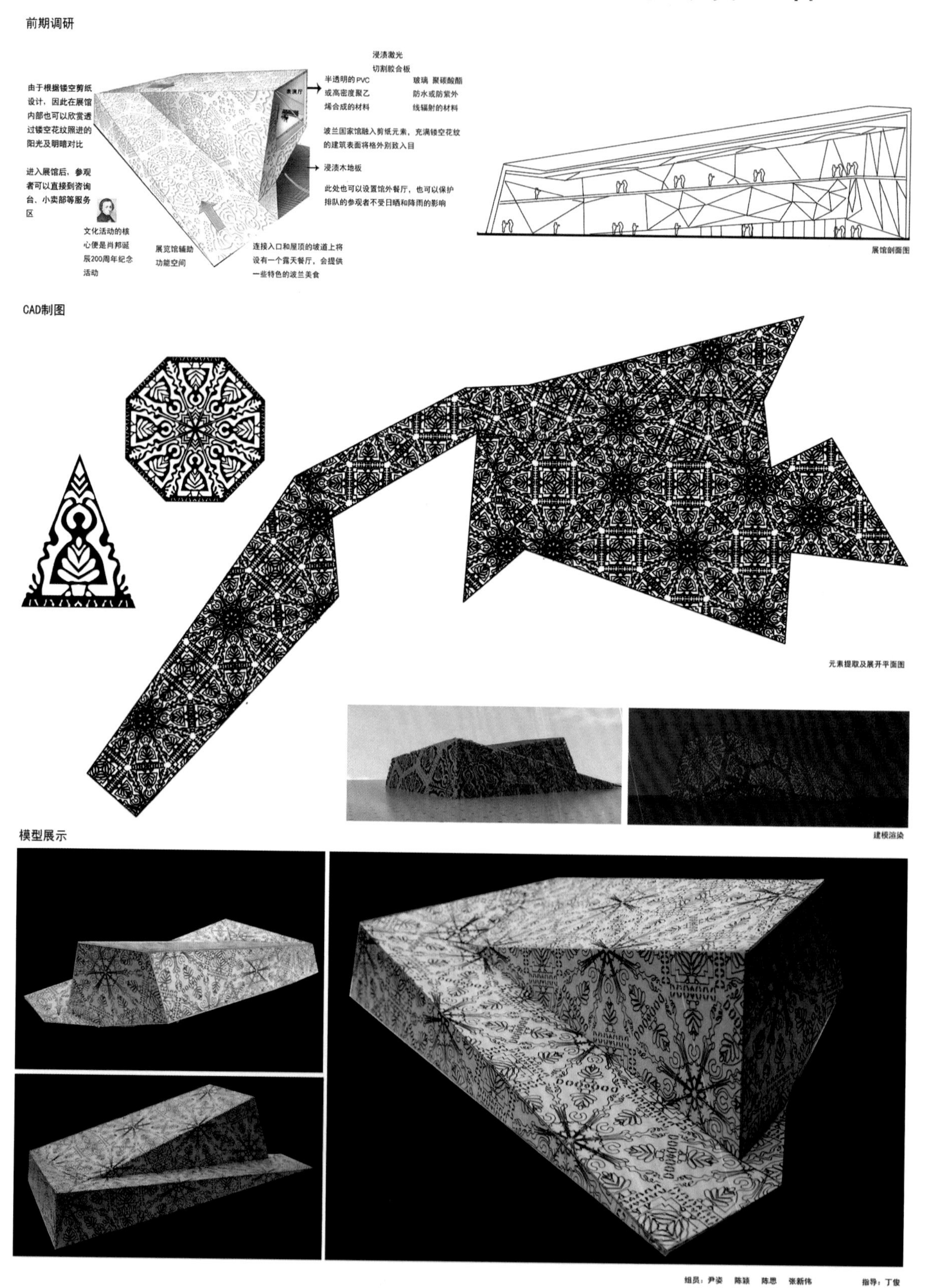

图3-16 建筑表皮分析（二）

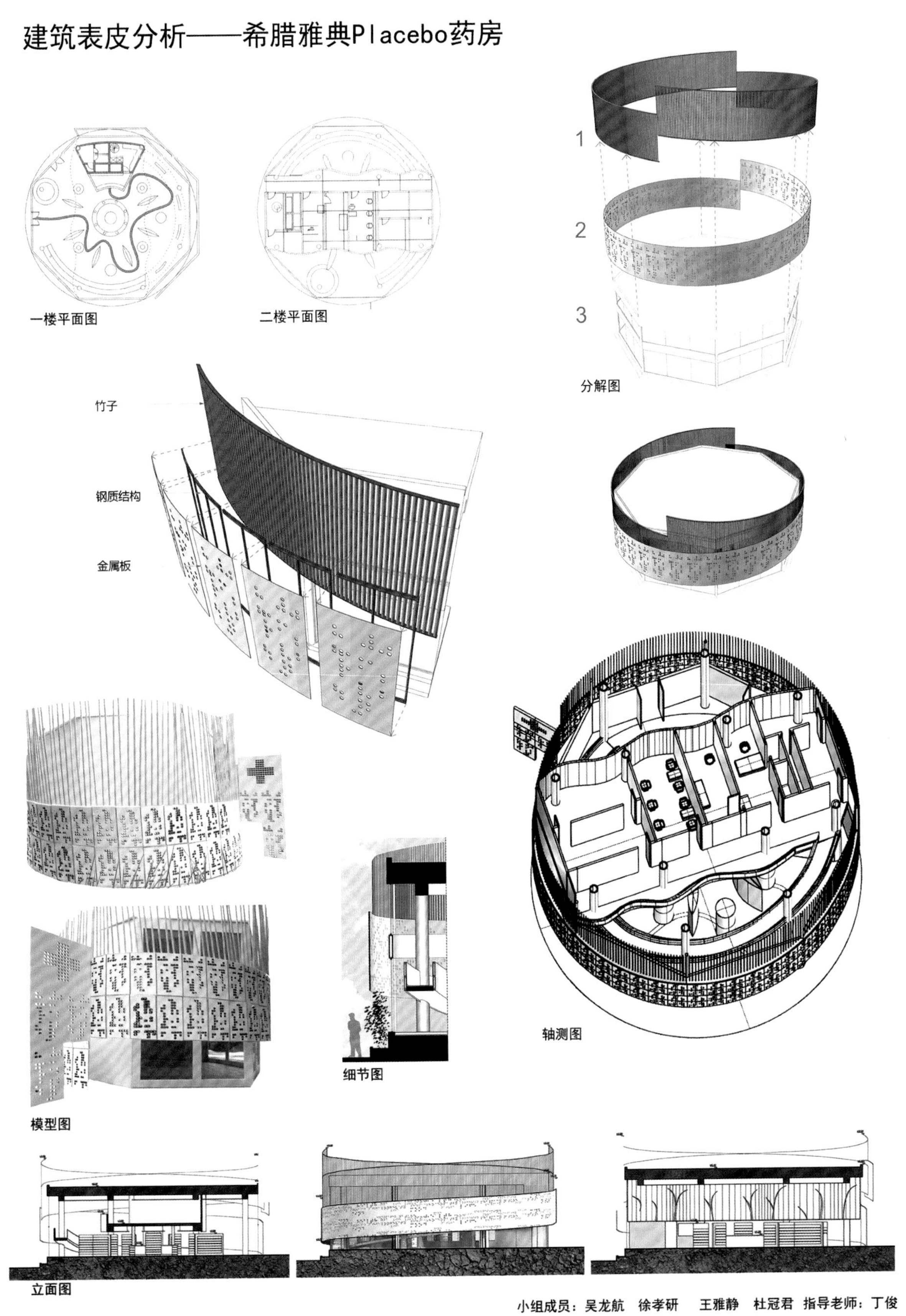

图3-17　建筑表皮分析（三）

建筑表皮案例分析——赛事主楼

裙房与主楼处理的戏剧性。主楼掏洞，裙房斜插，很有标识性。冲突可以产生丰富的视觉张力和并带来独特的空间体验。

结构与表皮高度一致性。大部分建筑的表皮是跟结构分离的，结构是跟使用空间分离的，将结构与表皮一体化处理就是很大的亮点。

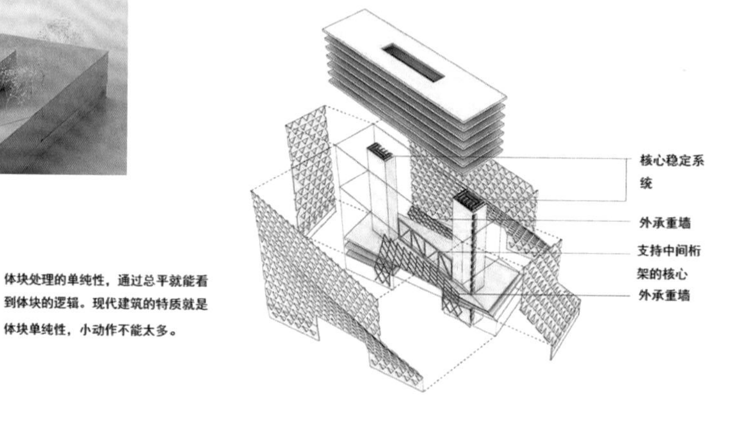

体块处理的单纯性，通过总平就能看到体块的逻辑。现代建筑的特质就是体块单纯性，小动作不能太多。

分析

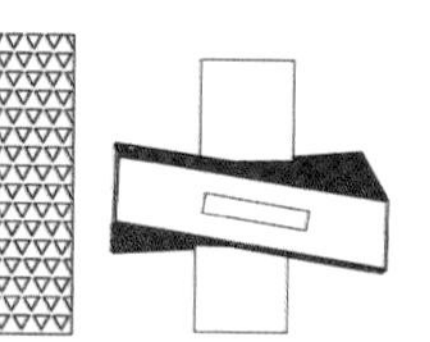

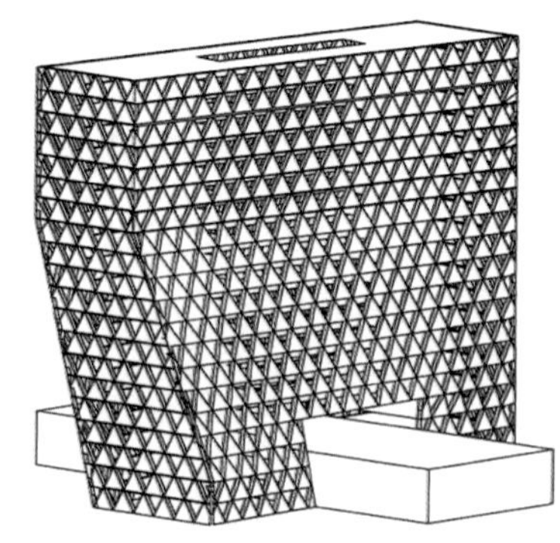

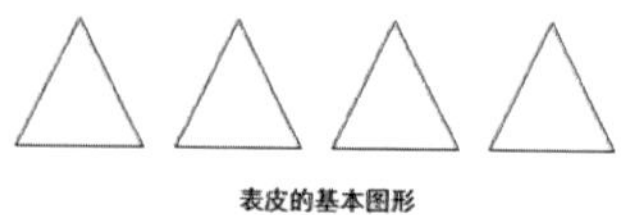

表皮的基本图形

模型制作、成品

组员：吴涛 周颖 翟怀月 指导老师：丁俊

图3-18 建筑表皮分析（四）

建筑表皮案例分析——拉脱维亚高加大自然音乐厅

Building Case Study epidermis　　Latvia high natural concert hall

建筑简介

建筑名称：拉脱维亚高加
　　　　　大自然音乐厅
建筑地址：拉脱维亚
设计师　：Didzis Jaunzems
建造时间：2014
建筑面积：150㎡

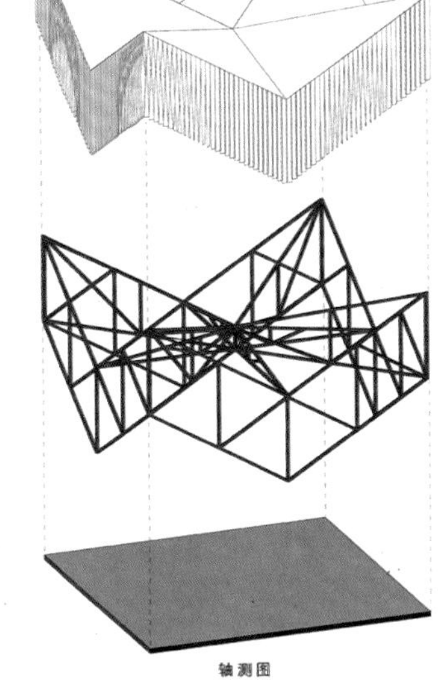

轴测图

建造分析

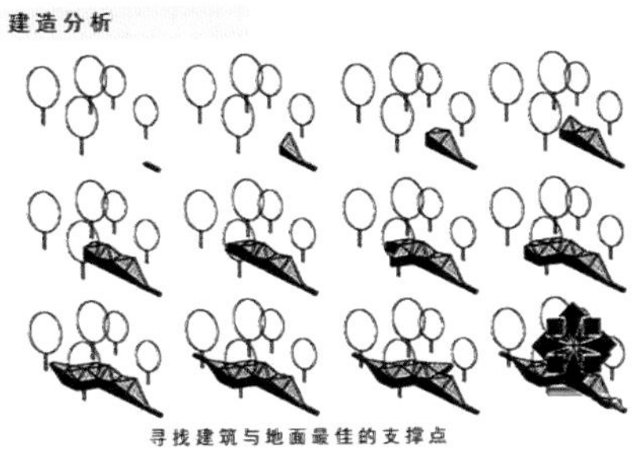

寻找建筑与地面最佳的支撑点

220　220　220　220　220
200　200　20　20

细节结构

模型制作

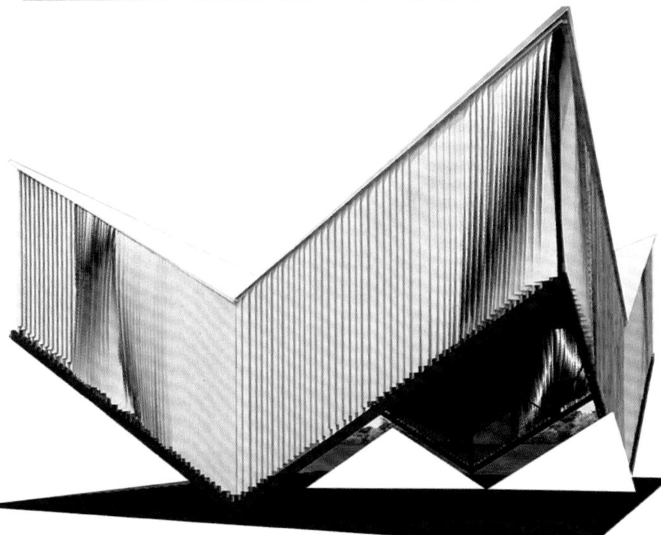

设计理念

一个可以容纳20人的室内交响乐团和自然音乐厅乐队的舞台，由于丝织带对音乐的增强，乐队们的演奏更能与听众们产生共鸣。

当丝织带打开时，为了增加音量，让声音传到更多的听众耳朵里时，丝织带会呈现张开的模式。

13室内设计D班　　小组成员：仲阔　冯霏恒　张晨哲　杨科　　指导老师：丁俊

图3-19　建筑表皮分析（五）

任务四：墙纸设计（图3-20～图3-22）

根据花格调研及图形的分析和推演，将图形设计成一个墙纸（甚至可以是依附于墙面的一个立体墙纸），可以适当考虑结合材质和肌理进行三维处理。

图版中体现的一些图形推演和分析的手法可以查阅相关平面构成和立体构成的资料。突破二维限制的探索可以研究材料、肌理等方面，综合运用多种手法创造立体化效果。

在任务练习时，可以按照以下注意事项进行操作：

（1）按照之前的要求制作花格推演的图版，不少于三个形态来

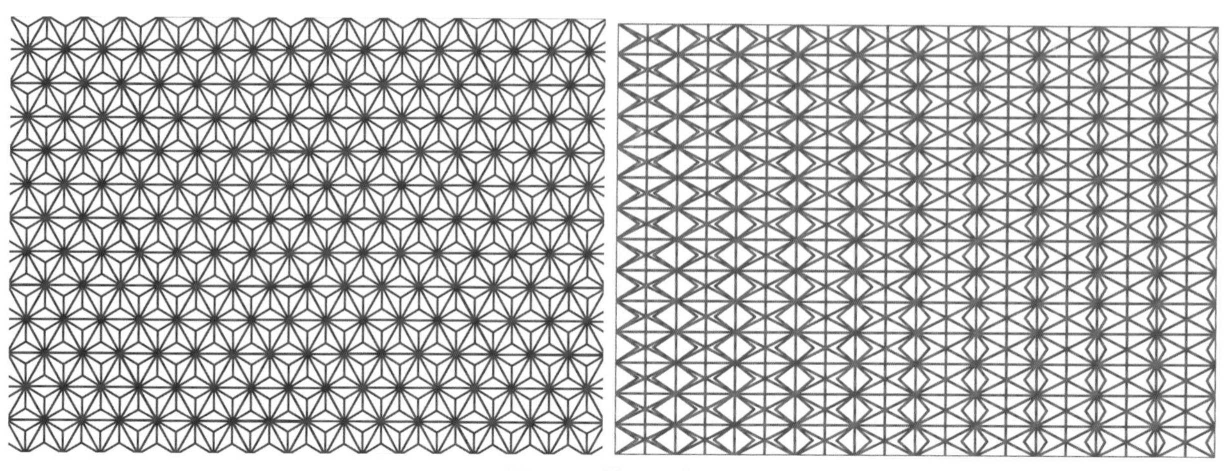

图3-20 墙纸设计

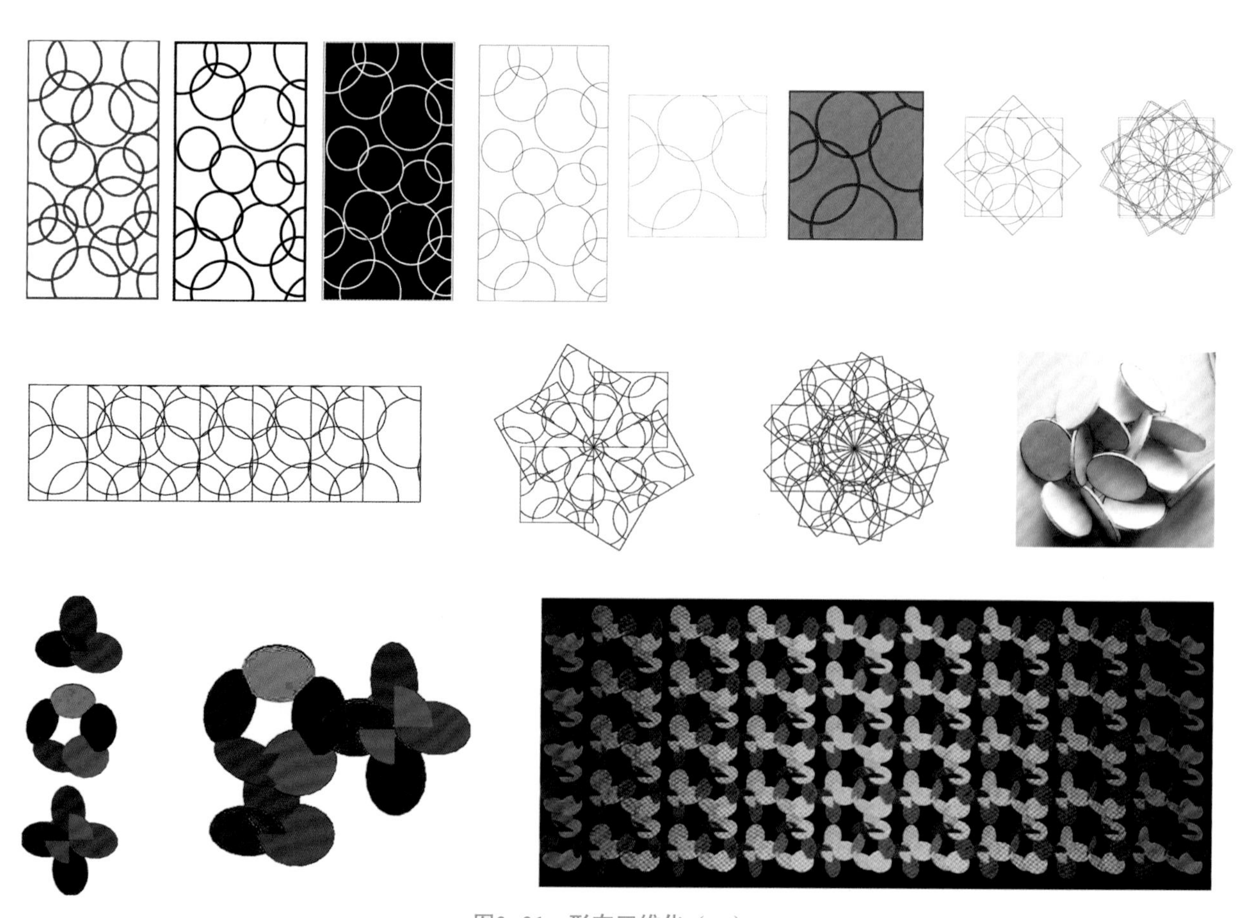

图3-21 形态三维化（一）

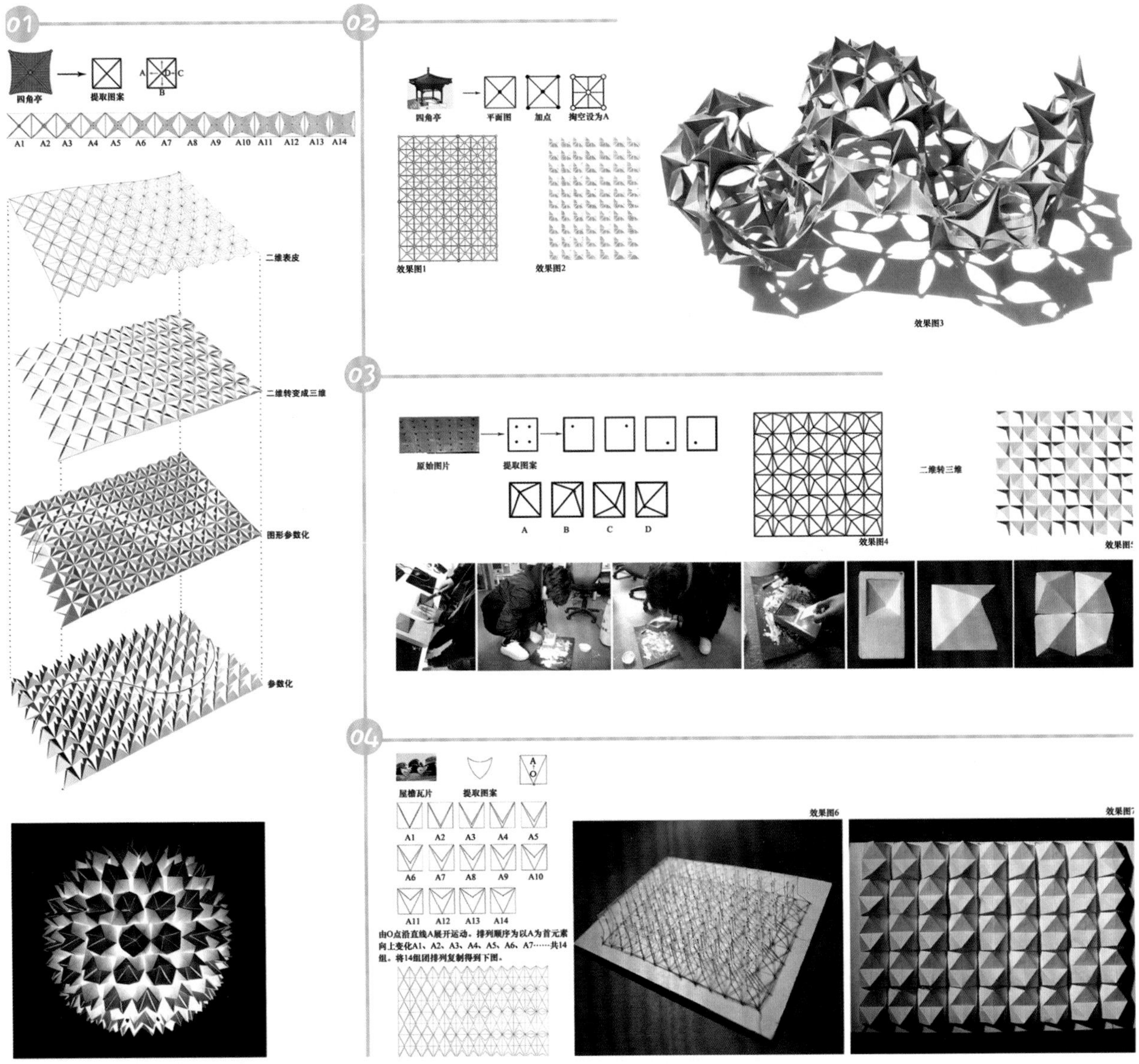

01

四角亭 → 提取图案

A1 A2 A3 A4 A5 A6 A7 A8 A9 A10 A11 A12 A13 A14

二维表皮

二维转变成三维

图形参数化

参数化

02

四角亭 → 平面图 加点 掏空设为A

效果图1

效果图2

效果图3

03

原始图片 → 提取图案

A B C D

效果图4

二维转三维

效果图5

04

屋檐瓦片 提取图案

A1 A2 A3 A4 A5 A6 A7 A8 A9 A10 A11 A12 A13 A14

由O点沿直线A展开运动。排列顺序为以A为首元素向上变化A1、A2、A3、A4、A5、A6、A7……共14组。将14组团排列复制得到下图。

效果图6

效果图7

图3-22 形态三维化（二）

源（可以是木花格、园林漏窗、园林铺地、装饰花纹等一系列能够反映江南文化的图案纹样），要求清晰地反映演变的过程，排在一张A3大小的纸上。

（2）从其中选取一个比较完善的形态连续排列，形成墙纸纹样，打印在A3大小的纸上。

不需要标注尺寸，只需要注明花格纹样的基本信息，如纹样名称、纹样地点、基本单元、网格形式、纹样寓意。以菜单形式简明扼要地罗列基本信息，不需要长篇累牍堆砌文字。

任务五：空间设计（图3-23~图3-25）

对你所在机构、单位的门厅空间进行改造设计，需要反映独特的视觉形象，尤其是与当地文脉相吻合。

前期准备工作包括门厅空间的测绘、CAD绘图、三维建模。另外，根据用户访谈和现场观察的方法分析该空间的需求，并以思维导图的形式反映出来。明确设计目标，以解决问题为出发点。在解决问题上，要善于发现空间中需要解决的问题，如是否存在西晒、不够保暖、人流聚集量大、功能过于复合等问题。将发现的问题罗列之后，尽量提炼出最核心的几个问题，并对其进行集中解决，提出解决方案。

在思考解决方案的时候可以运用发散思维的方式进行头脑风暴，如设想是一个具有江南文化特点的装置来增加文化的认同，也可以是一个延展至整个空间的室内表皮形成对于原有破损空间结构的遮蔽（表皮不一定只是一个简单的室内背景墙，也可以是世博会波兰馆那样的折叠、华夫交错结构、基本模块拼贴等方式延展至整个空间）。还比如为了解决西晒问题，可以像阿拉伯文化中心一样设计一个遮阳装置；或者为了解决晚上该空间吸引力不够的问题，设计一个结合灯光的附着在顶面的表皮，丰富该空间的体验感，从而吸引更多的人；或者为了改善该空间单调的现状，设计一个具有很强视觉识别性的装置；或者为了解决该门厅入口容易引起错觉，不知道从哪个入口进来的问题，进行入口的强化设计；或者，只是简单地设计一个由江南花格窗推演出来的丰富的内部表皮等。

在最终的方案提交中，需要有版面、模型，还有在可能的条件下需要结合实际材料的样品。

任务六：设计汇报（图3-26）

设计汇报阶段主要是进行设计提案的制作，具体表现形式包括一张A1大小的图版、一本A3大小的方案文本书、过程模型和最终模型。方案文本汇报内容包括形态推演图版、推演而形成的壁纸、形态探索模型（反映整个过程的所有模型，包括没有采用的）、门厅平面图（标注尺寸）、立面图(标注尺寸和材质）、结构拆分图、空间透视效果图（不少于2个角度）、其他分析图等。

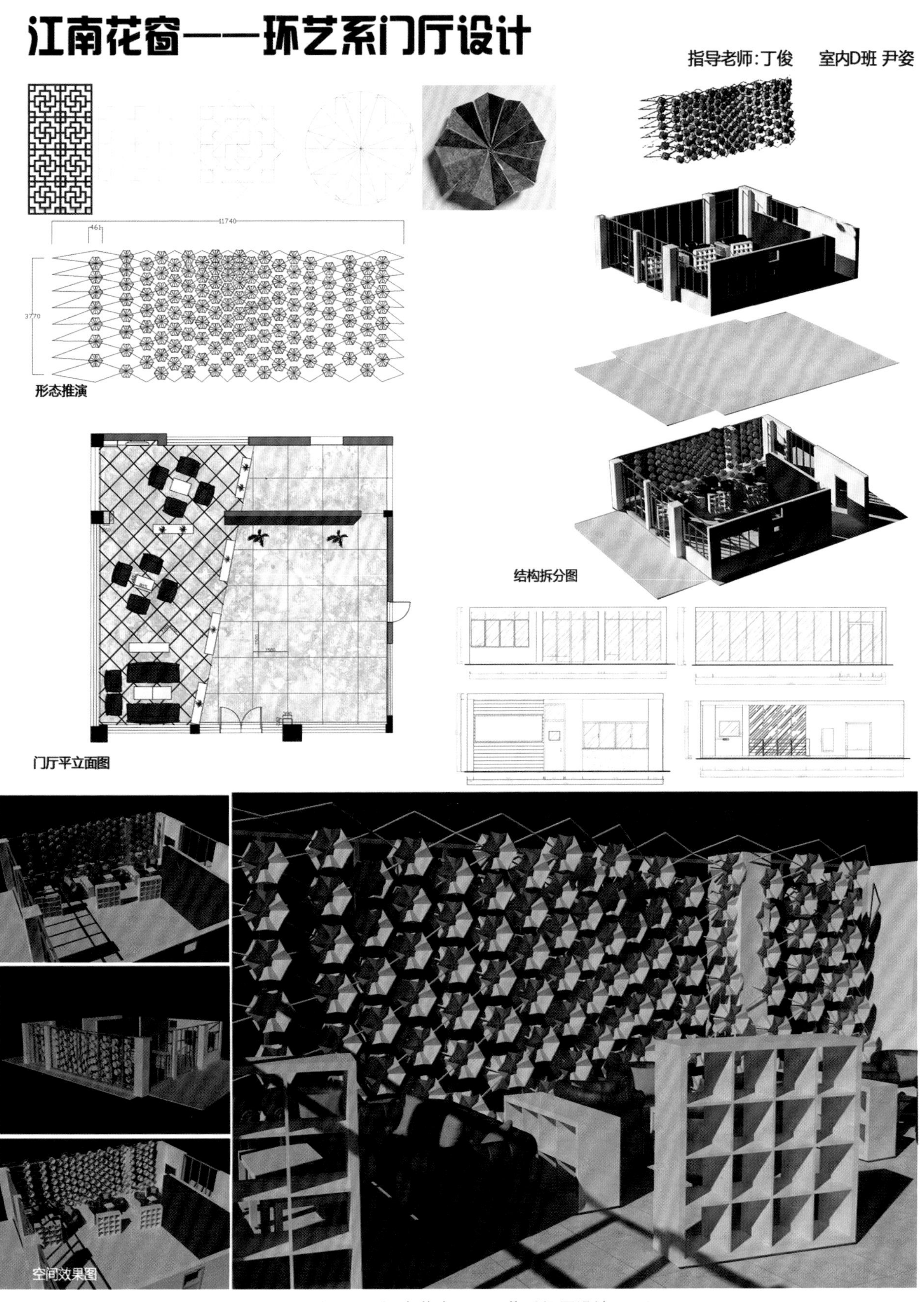

图3-23　江南花窗——环艺系门厅设计（一）

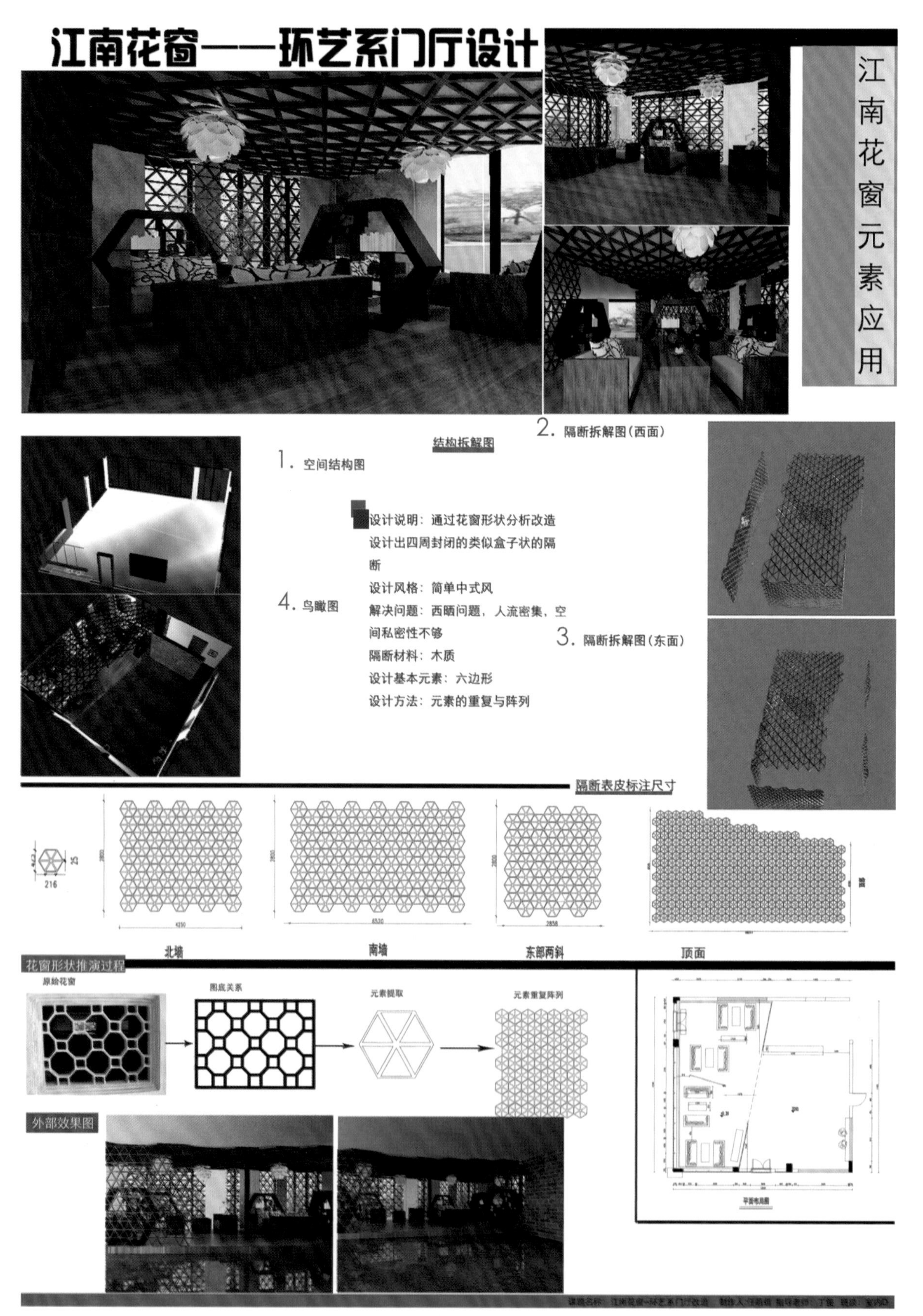

图3-24 江南花窗——环艺系门厅设计（二）

江南花窗——环艺系门厅设计

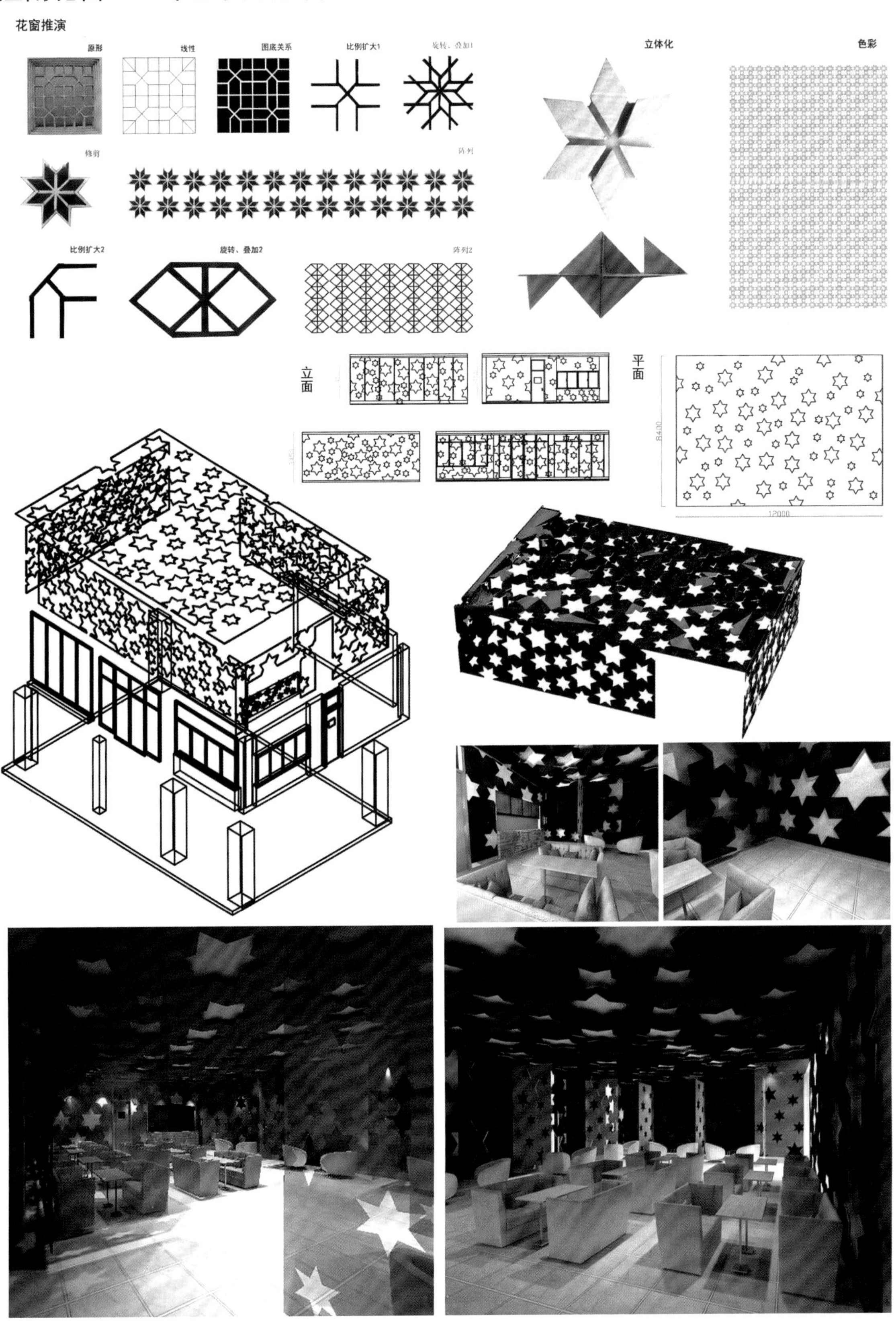

图3-25 江南花窗——环艺系门厅设计（三）

※ 第二节　主题博物馆展陈设计

一、项目介绍

本项目属于室内设计专业高进阶专题设计。博物馆室内空间的设计已经不单单是室内设计自身能解决的项目，它涉及文案策划、视觉传达、多媒体设计等多个领域，对设计师的综合素质要求较高。因此，通过本项目的进阶练习，可以了解博物馆设计的前期策划及博物馆展陈的总体设计，巩固基础知识，掌握博物馆室内展陈设计的过程与表达，提高方案设计能力。从而能独立完成博物馆展陈设计任务，提高自己的设计能力和动手能力。

练习的目的是通过一个特定主题的室内空间设计，让学生掌握基本的室内设计流程，熟悉室内设计的表达方法，培养学生的设计方案的陈述能力。

图3-26　汇报形式

二、设计案例

1. 911纪念馆（图3-27）

911纪念馆是为纪念美国世贸中心双子楼2001年9月11日被撞击和1993年遭受炸弹恐怖袭击的纪念性博物馆，讲述了关于逝去和重生的故事，启发人们建设更好的未来。

该建筑由以色列建筑师迈克·阿拉德(Michael Arad）设计，概念为“倒影缺失”(Reflecting Absence）。室内展陈设计由来自纽约的专业展陈设计公司THINC设计。参观者首先从地面层经过缓和的楼梯，进入博物馆地下主展区。人们将经过各种幸存物，包括逃生通道、支撑大厦的结构钢架等。展示内容包括911纪念馆的背景、过程、后续以及其带来的影响。博物馆收藏了大约10 313件文物，包括2 136件档案文献和37件大型文物，如首先进入救援的车辆和场地幸存的巨型建筑钢架。藏品还包括大量的照片、声频、视频、私人物品、纪念品、电子文件等。

911纪念馆展陈设计中直接保留具有故事背景的实物，并且放大它们自身的精彩，使它们仿佛就在与参观者对话。这些都是真实和回归本原的设计方式。当展品被营造得富有吸引力的时候，室内空间的处理，尤其是室内设计师经常关注的表皮的处理、顶面管线的隐藏、柱子的规避都轻而易举。空间中没有任何装饰或造型的处理。灯光也是以突出实物展项为核心。多媒体投影只是起到对实物展示的补充说明作用。该案例属于以舞台式设计方式处理展陈空间的良好

EDWARD R. HENNESSY, JR
ROBERT JAY HAYES
LADDER 3
NO DAY SHALL ERASE YOU FROM THE MEMORY OF TIME
Virgil

图3-27 911纪念馆

运用。

2. 新闻博物馆（图3-28）

新闻博物馆（NEWSEUM）的名字是一个自造词，是英文news和museum的合写。新闻博物馆是美国RAAY设计公司设计的。该博物馆位于美国华盛顿宾夕法尼亚大道555号，整个博物馆使用面积为300 000 m^2。

新闻博物馆是美国首个针对新闻的互动式博物馆。整个博物馆通过大量的多媒体设备、互动平台和空间处理营造了让人印象深刻的博物馆展陈空间。室内展陈占据整个七层建筑，每一层都规划了丰富的互动展品，引导参观者探索新闻是如何影响了那些人们共同见证过的历史时刻。该博物馆包含15间影院、15间画廊和超过25个的展览空间。除了主要展览区域之外，博物馆还设置了两个电视广播工作室，可以让参观者真实地感受新闻媒体制作的场景和过程。另外，辅助用房还包括会议中心、礼品店、餐厅、行政管理用

图3-28 新闻博物馆

房。该博物馆还提供了非常吸引人的其他展览配套服务，如在履行博物馆教育功能时，新闻博物馆全年为三年级以上学生提供由教育家主讲的课堂，不收取任何额外费用。

餐饮区域设在地下一层，从流线上来说不影响整个参观节奏。参观者通过中庭便能发现餐饮区的位置。对于参观者来说，餐饮区不仅仅提供就餐服务，同时也是一个休闲的好去处。参观者疲劳的时候可以在这一区域休息。而餐饮区的设计以专业的角度营造了具有舒适性和丰富性的展馆餐饮空间。

三、知识点

1. 基本理念

根据2007年国际博物馆委员会在奥地利维也纳召开的第22届全体会议上通过的条例，博物馆的定义是："博物馆是一种非营利的、永久性地服务于社会及其发展的机构，它面向公众开放，基于教育、学习和乐趣而获取、保存、研究、传达以及展示人类的物质和非物质文化遗产及其环境"。这个定义可以作为国际上博物馆设计和运营的基本参照。基于这样的目标与定义，在展陈设计上可以体现为追求博物馆开放性、教育性、学习性和趣味性的氛围的营造，同时满足博物馆的保存、研究以及展示的需求。

国内大量的主题性博物馆存在吸引力欠缺、活力不足、严肃说教的现象。很多博物馆只是简单地将展陈方式理解为室内设计加上展板和多媒体投影的组合。究其根源主要在对于此类展馆在展陈设计上存在着认识误区。最重要的是需要认清如何对主题性博物馆进行价值评估。我们需要认识到一个好的展馆设计不在于做了多么精致、复杂的造型，不在于堆砌了多么炫动的多媒体，而在于怎样生动地讲述一个故事，怎样巧妙地解决具体的问题，并最终营造一种让人沉浸其中的良好体验。

许多博物馆展陈设计公司在设计时都将良好的参观体验放在首要位置（图3-29）。要想吸引观众就要有故事情节和良好体验，以激发观众的想象并触发观众对新知识的探索渴望，这就需要营造能够使不同年龄段观众兴奋的、持久的、互动的、具教育意义的体验。如设计了上海科技馆的FORREC公司就将能引起观众思想和情感上的共鸣，以最有效的方式传达信息作为公司展陈设计的基本理念。当五彩缤纷的多媒体效果让观众目瞪口呆时，他们会产生强烈的渴望去探究事情真相。计算机绘图技术和虚拟技术的不断进步，也为参观体验带来了全新的契机。

基于增强博物馆的开放性和教育性，展示设计上应重视展面信息传达的有效性，运营上应重视观众的参与性。这一方面，国内的一些博物馆已意识到观众参与的重要性，如苏州博物馆会定期针对馆内藏品举办一些文博讲座和艺术课程，积极吸引公众参与到博物馆的活动中来，增强了博物馆的教育功能和社会影响力。

另外，针对专业展陈设计公司而言，要善于找到不同学科的结合点。基于博物馆展陈设计的特殊性，博物馆展陈设计永远是为展示内容服务的，针对不同类型的博物馆就需要积累大量的相关专业知识。而不同类型的博物馆专业跨度是很大的，如Weldon Exhibits公司在这方面就做得很好，其业务范围包括自然历史博物馆、艺术博物馆、动物园、海洋世界、游客中心、企业馆等诸多方面，并且还提供展陈设计、展陈施工、各种模型制作等广泛的服务。

图3-29　主题博物馆展陈设计的核心理念

2. 设计流程与范围

设计流程一般包括前期概念到后期深化设计。不同的设计公司其设计流程会有所不同，但最基本的环节都比较类似，如曾经设计过上海科技馆展陈设计的FORREC公司就将设计流程划分为规划阶段、概念设计阶段、设计深化阶段和现场设计监督阶段四个阶段。在前期规划阶段团队要与客户进行合作，从而确定项目目标以及功能需求，通常还会制作各种模型以检测项目功能和财务预算。在概念设计阶段，会将众多创意想法整合到一个综合的主题性故事线索之中。这些想法将会以文字和视觉的形式表达出来。一系列彩色渲染图可以用来表现观众如何体验，并分析观众服务设施和各种复杂的实际细节。在设计深化阶段，关注的重点在于将概念想法转化为可实施性设计。而这一阶段也伴随着施工图的绘制以及后期的现场指导和监督。著名的博物馆策划公司LLC的运营合伙人马克·海因默（Mark Walhimer）提出博物馆展陈设计的五个关键步骤：概念发展（Concept Development）、方案设计（Schematic Design）、设计深化（Design Development）、最终设计（Final Design）、工程图纸（Construction Documents）。

就经营范围而言，主要体现在针对整个展陈设计流程所提供的服务领域。大多数情况下设计和施工是分开的，这也体现了分工细化和专业化的趋势。如行业内顶尖的Ralph Appelbaum Associates公司的设计业务范围主要集中在设计。但是，在设计上就细分为：规划阶段的财务预算、运营规划、方案概念、资金募集材料准备、总体规划、案例分析、项目管控、建造与材料选样、场地评估与协调等；设计阶段涵盖建筑调整、艺术指导与视觉设计、品牌与视觉识别、内容规划、展陈设计、餐饮服务设计、室内设计、零售设计、文本写作与导视设计等；媒体设计部分则包括艺术指导、概念故事板与文本写作、动画制作与编辑、执行媒体制作、互动设计、手机App设计、摄影摄像、用户界面设计、用户体验设计、网页设计等诸多方面。也有一些展陈设计公司以设计实施和道具制作的能力见长，如从业超过20年的Weldon Exhibits就是典型代表。其强大的道具、场景制作和安装能力使其在业内具有较强的知名度。国内的展陈设计服务商也发展得比较突出，尤其是近年来兴起的博物馆建设热潮，为众多公司提供了宝贵的从实践中提升和自我促进的机会，如北京瀚海域达展示艺术设计有限公司就是专注于场景艺术的博物馆展陈设计供应商。该公司擅长制作半景画、场景复原、沙盘、仿真物品等。

一些公司将业务范围集中在专业的展项设计上。而往往正是由于互动参与展项才使得博物馆具有生机与活力，尤其是一些特定类型的、面向儿童的博物馆就显得更为重要。如位于佛罗里达州的Hands On公司就专注于在一些吸引人参与体验的创新展项上着力探索，该公司尤其擅长儿童博物馆、科技博物馆、探索中心等领域，并完成了许多出色的项目。

每个展示设计公司的业务类型也会有所不同，但是相对于其他设计行业而言，博物馆展陈设计毕竟是一个小众行业，大多数公司都不会只是局限于某一个领域的展陈设计，而是跨越面较广，涉及艺术博物馆、专题博物馆、人文历史博物馆以及自然历史博物馆等广泛领域。由于一定的业务积累，有些公司可能会在业内形成在某一特定领域水平比较突出的口碑。

另外，基于业务和经营范围的考虑，一些公司也会注重国际化。国内目前只有一些大型室内设计公司有走出国门开展国际业务的尝试，如苏州金螳螂建筑股份有限公司通过收购国际知名室内设计事务所HBA，在国际业务上拓展了一大步，而博物馆展陈公司目前还没有出现此类情况。在国际化方面，美国的博物馆展陈设计公司走得较远，有的公司在其他国家成立办公室或分公司，有的基于业务拓展寻找国际合作伙伴，如Gallagher & Associates与南京百会装饰工程有限公司合作，于2009年在上海注册，主要致力于国际、国内大型博物馆、科技馆展示项目的规划与设计、工程承建与实施，多媒体设计与制作以及会展策划与咨询。有的公司基于自身专业水平的擅长领域建立起国际合作关系，如总部位于伦敦的从业已经超过25年的MET Studio就与两家世界著名的展品与模型制作公司合作，成立合资公司，分别是总部设在旧金山的Academy Studios International和荷兰展览专业承包公司Hypsos。

3. 设计策略

设计策略上主要在于遵循博物馆展陈的传播信息、寓教于乐的基本功能，规避不必要的装饰和图文信息的堆叠。以下根据美国博物馆联盟列出的关于优秀博物馆的7个类别的38个基本特征，尤其是与展陈设计联系较为紧密的“教育与阐释”的特征从以下六个方面进行分析。

（1）社会服务。美国史密森学会的博物馆和教育研究中心的学者斯蒂芬·威尔（Stephen E. Weil）

提出博物馆的终极目标是改善人们的生活。博物馆发展到现在面临新的转变，只是简单地为休闲参观者保存和展示物品已经显得远远不够。就像图书馆一样，博物馆的使命已经从基于教育目的收集、保存，更多地转变为现实意义、宣传以及社会使命上来。国内的一些一线城市的博物馆开始意识到社会服务的重要性，它们会定期举办各种活动，包括讲座、巡展、开放日等。如上海玻璃博物馆充分利用自己丰富的藏品和社会资源，举办多种服务社会的活动，受到大众的青睐。其丰富的以玻璃为主题的讲座和表演，为增强大众对玻璃艺术的了解提供了很好的平台。其玻璃实验室系列包括亲子活动、第二课堂、兴趣培养等不同的主题内容，充分满足了不同人群的需求。

另外，充分利用博物馆空间为观众提供社会服务的同时，也可以增加博物馆的营收。如上海玻璃博物馆，它积极经营博物馆商店及场地租赁，可以为社会公众提供富于主题特色的博物馆空间，让他们可以在此休闲及举办会议、庆祝等活动。

（2）真实设计。美国著名设计理论家维克多·巴巴纳克在20世纪60年代末出版了《为真实的世界设计》一书。他提出为真实的世界而设计，尤其提到“设计应该认真考虑地球的有限资源使用问题，设计应该为保护我们居住的地球的有限资源服务”①，这一观点自20世纪70年代“石油危机”爆发以来获得了广泛认同。真实设计不仅是一种伦理的考量，也逐渐成为一种美学和设计潮流。真实设计在展示场馆设计中体现为材料的真实、装饰的摒弃等。如由C&G Partners公司设计的位于纽约的犹太人遗产博物馆的自由之声展区就很好地体现了这一点（图3-30）。整个展区设计摒弃了不必要的装饰造型，连支撑展面的木板都未油漆或进行饰面处理，地面流露真实肌理，顶面进行刷黑处理。这种方式不仅节省了造价，更以材质真实、结构真实传递了一种符合建构逻辑的新美学。如芝加哥自然历史博物馆的阿伯特厅的还原地球展览典型运用了这一手法（图3-31）。

图3-30　犹太人遗产博物馆的自由之声展区

图3-31　芝加哥自然历史博物馆阿伯特厅的还原地球展览

（3）图形语言。图形语言是博物馆完成信息传达基本功能的关键，而人们一般将其理解为视觉传达设计，但是博物馆展陈的视觉传达设计已不是传统意义上的简单的平面设计。针对整个设计流程而言，首先由专业策展人提出策展思路，进行展陈逻辑梳理和内容设计之后就是展面图形语言的设计。展面的图形语言设计以具体的图片、文字、文物、展品、道具等展陈信息内容为依托，是一种信息的视觉传达设计(Information Graphic Design)、空间环境的视觉传达设计（Environmental Graphic Design），也是营造特定体验的视觉传达设计（Experimental Graphic Design）。信息的视觉传达设计产生易读性版面；环境视觉传达设计的方式形成展项立体化形态；体验性的视觉传达设计催生互动性、场景化、舞台式氛围。如位于华盛顿的美国印第安国家博物馆就通过整合图文信息、展品、视频的方式增强视觉信息的立体化表达（图3-32）。又如由Ralph Appelbaum Associates负责展陈设计的位于费城的美国犹太人历史国家博物馆的空间图形语言，以多媒体投影的立体化方式呈现出一种十分独特的效果（图3-33）。

① 王受之：《世界现代设计史》，中国青年出版社，2002年版，第223页。

图3-32　华盛顿的美国印第安国家博物馆

图3-33　费城的美国犹太人历史国家博物馆

另外，图文信息本身是存在一定的等级关系的，对其进行梳理可以增强信息传递的有效性，减少阅读负担。如由纽约的THINC公司设计的2015年米兰世博会美国馆就很好地体现了这一点。观众首先通过若干个小短片对美国独特的饮食文化形成一个粗略的印象，然后进入一个主题为“餐车之国”（Food Truck Nation）的展区。为了增强空间的吸引力和信息传递的有效性，在整个空间的中央位置设置了一个用每个州独特的车牌样式组合而成的柱子，然后围绕其重点介绍各个州的饮食文化。在信息方面按照不同的区域进行划分，如太平洋地区、西部地区、东部地区等，参观者可以按照各自需求进行对位了解（图3-34）。进入展馆二层，通过若干装置和触控设备可以了解更详细的信息，如农场、政策、烹饪、营养、研究等。整个展馆以及每个展区都对展陈图文信息进行了较好的梳理，增强了信息的有效传递。

图3-34　米兰世博会美国馆

（4）空间灵活。首先，灵活的空间处理可以为展陈提供更多便利。由于很多博物馆展陈空间是利用原有建筑，为了方便拆卸，比较突出的就是充分利用专业展柜对空间进行灵活的区分，避免造型的堆砌和对原有空间的大拆大建，这种情况尤其适用于一些历史建筑。利用展柜划分空间方便调节、突出展项且容易维护，如位于纽约的美国自然历史博物馆、美国印第安国家博物馆、纽约历史协会博物馆等（图3-35）。

其次，创造方便、灵活的空间动线。一些大型博物馆通常以空间竖向贯通的方式处理垂直交通可能带来的不便。如华盛顿的新闻博物馆、费城的犹太人博物馆都在中庭通过楼梯串联不同楼层，优化参观动线，有效沟通不同楼层的展示内容，方便、快捷，减少了空间绕行带来的不便（图3-36）。在博物馆室内

图3-35 纽约美国自然历史博物馆

外空间的沟通和交流方面，比较常见的做法是充分发掘观景平台，将城市景观引入参观人群的视线，形成新的参观节点。如华盛顿的新闻博物馆就在顶层展区处设置观景平台，在观景平台上，参观者可以观看以宾夕法尼亚大街为中心的华盛顿景观，尤其可以远眺国会山以及其他众多政府机构建筑。同时，在观景平台上设置展板，介绍宾夕法尼亚大街的各个历史建筑以及一些影响美国历史进程的重大事件（图3-37）。如纽约的新博物馆（New Museum）、费城的国家宪法中心博物馆等，也都设置了类似的观景平台。

图3-36 费城的美国犹太人历史国家博物馆

图3-37 华盛顿的新闻博物馆的户外观景平台

此外，可以以色彩识别的方式区分展陈空间。在博物馆展陈设计中，很多规模较大的、展示内容较复杂的博物馆都会采用色彩区分不同展区，方便观众认知。

（5）舞台式影院。舞台式影院体验性强，对观众具有很强的吸引力。影院设计采用舞台式布景的方式，视觉效果丰富，比起传统影院更加引人入胜。如为了营造舞台效果，而点缀一些历史元素，或者对投影进行前后错落的分屏显示等都会产生良好的视觉效果。位于费城的美国国家宪法中心博物馆的自由崛起展区就是一个典型的舞台式影院。当观众进入影院就座，现场由主持人带领观众进入故事情节，讲述美国民主的诞生和发展历程。在这个空间中，现场主持人、多角度投影和移动装置相互结合，营造了完美的感官体验（图3-38）。

图3-38 费城的美国国家宪法中心博物馆

在沿用传统设计手法的情况下，增加投影区域和前后层次也可以营造良好的效果。由专注于多媒体展项和影院设计的BRC公司设计的位于奥斯汀的得克萨斯历史博物馆的“孤星宿命”影院，就是很好的例子。这个项目是BRC公司的第一个特效和4D影院设计。影院以多通道投影、角度可变的布景、移动式装置以及雾气效果使观众沉浸其中，体会得克萨斯州故事的内心与精神，而这些故事一再被勇敢的、热情的、勇于探索的、自豪的得克萨斯州人所传颂。影院根据情节发展，分别出现不同的分屏上下移动显示不同的内容，如在讲到得克萨斯州历史上出现著名人物的时候，几个不同的人物被先后投影在不同的分屏上，而背景还有相应的投影，并且有时会相应地显示实物壁龛，效果十分丰富，再加上4D效果和动感的座椅装置，观众可以获得多重体验。

（6）用户体验。增强博物馆的体验感是博物馆的核心目标之一。而无论是讲故事，还是造场景都需要以参观者的体验作为核心。因此，一种关注于沟通媒介的设计——交互设计在博物馆展陈设计中的重要性日益突显。博物馆要达到的体验效果，基本上是一种沉浸式体验。沉浸式体验的环境可以更好地满足博物馆传递信息的基本需求，可以使得展陈内容更加鲜活、引人入胜、令人难忘。达到沉浸式体验需要满足一些基本条件：首先，它是一种多重感官的体验，如视觉、听觉、触觉等；其次，环境应能够为参观者形成反馈和互动，从而引起参观者的积极参与；最后，博物馆需要通过多种媒介为参观者传递信息。

要达到良好的博物馆体验设计效果，需要转变传统单纯重视产品本身功能与形式的设计方式。在美国卡耐基梅隆大学获得交互设计博士学位的辛向阳教授提出："交互设计开始从产品的物理逻辑转向行为逻辑，交互设计改变了设计中以物为对象的传统，直接把人类的行为作为设计对象。在交互行为过程中，器物（包括软、硬件）只是实现行为的媒介、工具或手段。交互设计师更多地关注经过设计的、合理的用户体验，而不是简单的产品物理属性。"[①]

四、实践程序

1. 前期调研

（1）现场勘查。包括区位分析、场地文脉（历史）、周边环境、项目概况、建筑外立面全景图、建筑内外空间、场地肌理图片、交通情况、建筑分析（3D原始建模）。

（2）案例研究。案例研究主要为项目的开展寻找相关参照，尤其对于案例的平面布置需要重点考察，了解类似的博物馆空间布置与流线安排（图3-39～图3-41）。

另外，在项目内部小组进行讨论过程之中，可以将收集到的项目案例简单进行排版，版面罗列以下项目的基本信息：项目名称、项目面积、项目时间、地点、设计师或公司、设计理念、主要材料，项目平面、立面、剖面、现场效果、三维建模轴测图、分解图。

如果基于训练技能的目的，也可以对其中的一些图纸进行临摹，如原始平面、立面等线图可以用CAD重新描绘，透视效果用3D建模予以重新表现，三维建模拆解图可用犀牛软件或者3D建模进行表现，建议采用犀牛软件以轴测图的形式导出线稿图。另外，需勾画出博物馆的主要展面，用AI勾画出主要典型展面，要充分表现版面丰富的内容与形式，该展面需要展品、展项、材质等多种元素，不要取巧，只有单调展面或者单面展墙的立面进行绘制。

（3）资料调研。对于设计流程、设计元素（根据各个不同小组的项目特点来确定），需要根据所选的项目课程寻找相关资料，通过网络、图书馆、书店等多种媒介寻找相关的设计专业书籍，理清设计思路，并将对项目的理解表达在前期方案汇报的PPT上。

2. 前期策划

（1）内容策划。根据目前已提供以及修改过的策划文本进一步深化内容，包括对每一个三级标题所反映的内容配以适当的图片，因其涉及后期的展面设计，意义重大。

根据前期提供以及修改过的文本，策展大纲以表格的形式进行体现，表格的子目录包含展陈内容（明确细分到三级标题）、展陈形式（展板、展品、多媒体、展柜等）（图3-42）。

（2）博物馆推广和运营的构想。博物馆的形象推广是博物馆可以汇聚人气的前提条件。如果博物馆养在深闺、无人问津，那么博物馆的设计基本上是浪费的。在博物馆的推广策略上，可以形成一定的思路。主题设计大赛是一项成本较低，可控性强的推广策略。目前比较流行的做法是借助大型设计类的门户网站进行形象推广，如2013年山东博物馆在视觉中国网站上举办博物馆标识和博物馆旅游纪念品的设计比赛。其只需要投入几万元的参赛奖金就可以达到覆盖全国的形象推广，同时还可以征集到富有创意的设计作品。有些比赛甚至会借助媒体到全国多所设计院校进行宣传，从而形成更加有效的形象推广。

① 辛向阳：《交互设计：从物理逻辑到行为逻辑》，载《装饰》2015年第1期，第58页。

案例分析——深圳博物馆

项目简介

中文名称：深圳博物馆
地点：广东省深圳市福田区福中路市民中心A区
馆藏精品：硕父鬲、玉石猪龙等
成立时间：1981年始建
占地面积：3.7万平方米

类别：综合博物馆
竣工时间：1988年11月1日
开放时间：1988年
馆藏数量：20000件藏品
旧馆地址：深南中路1008号同心路6路
设计公司：广州集美

建筑综述

深圳博物馆由展楼、工作楼、文物库和视听厅等4处独立的建筑物组成，形成一组内部功能现代化的建筑群。展楼为建筑群中心，南广场树立铸铜雕塑《闯》。视听厅在展楼东南角

平面流线

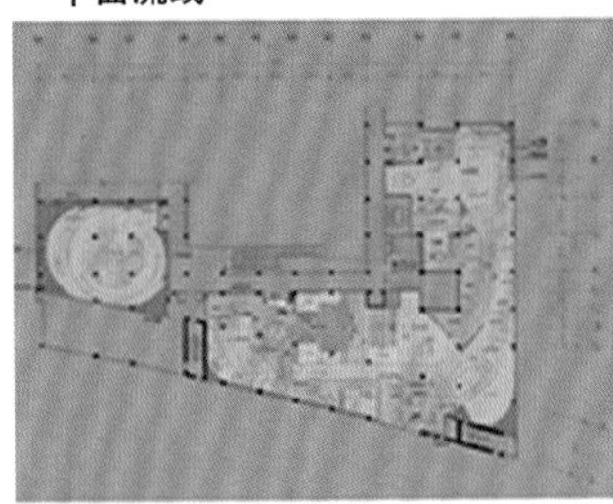

鸟瞰图

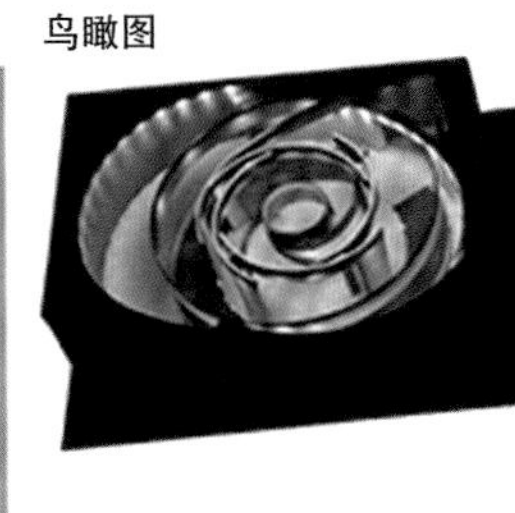

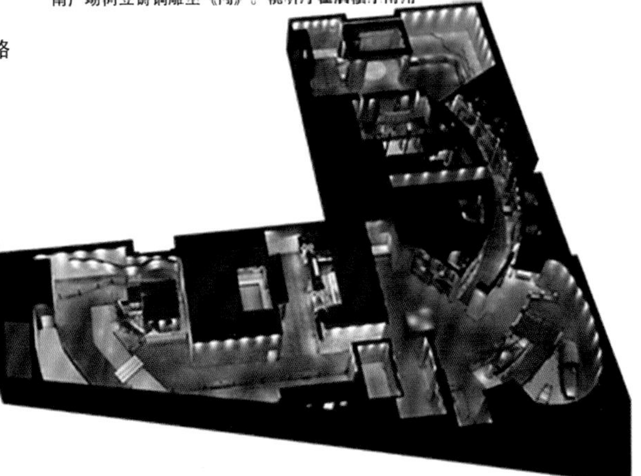

部分平面图

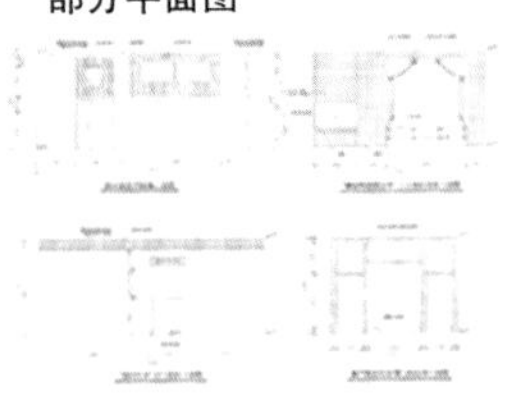

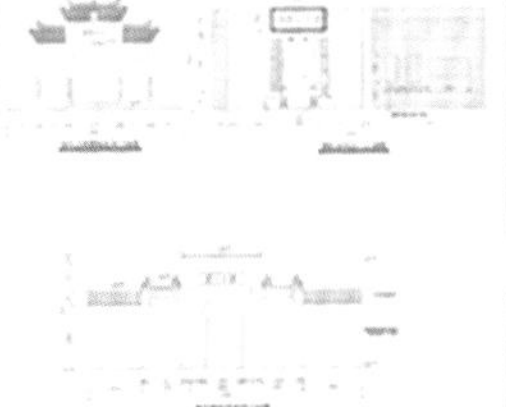

剖面图

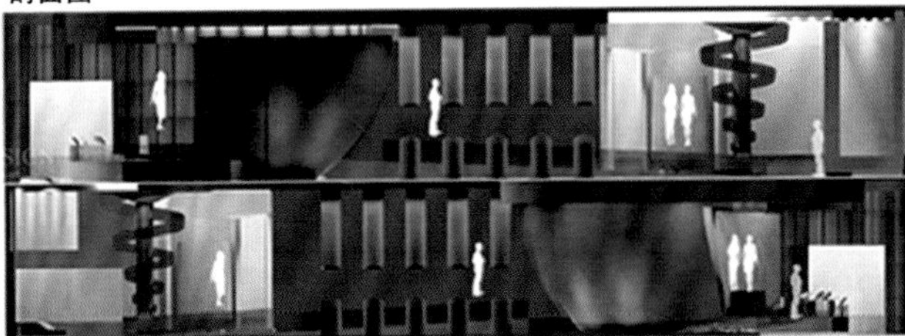

空间及展面设计

图3-39 案例研究（一）

中国汉字博物馆

立面图

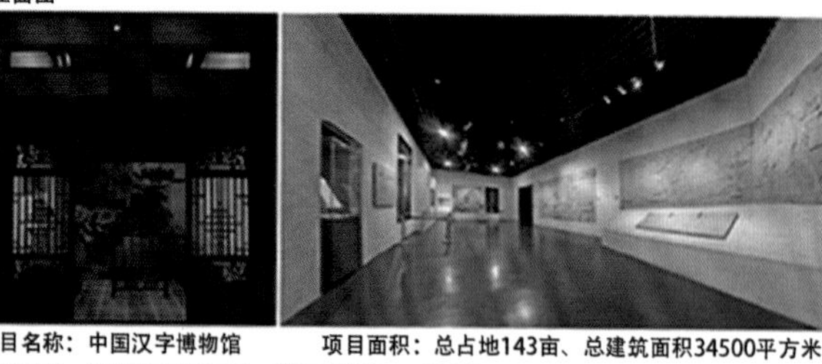

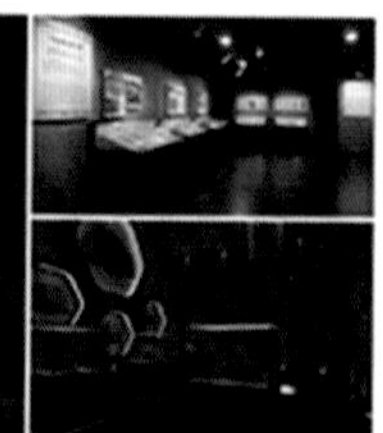

项目名称：中国汉字博物馆　　项目面积：总占地143亩、总建筑面积34500平方米
施工时间：2007年11月29日一期3工程开工，2009年11月16日开馆
项目地点：甲骨文的发现地——河南省安阳市
建筑单位：安阳市委、市政府　　主要材料：汉白玉大理石、烤漆玻璃
项目简介：是中国首座以文字为主题的博物馆，是一组具有现代建筑风格和殷商宫廷风韵的后现代派建筑群，由字坊、广场、主体馆、仓颉馆、科普馆、研究中心、交流中心等建筑组成。博物馆以世界文字为背景，以汉字为主干，以少数民族文字为重要组成部分，以翔实的资料、严谨的布局、科学的方法和现代化的展示手段充分展示中华民族一脉相承的文字、灿烂的文化和辉煌的文明，荟萃历代中国文字样本精华，讲解古汉字的构形特征和演化历程。

展陈形式

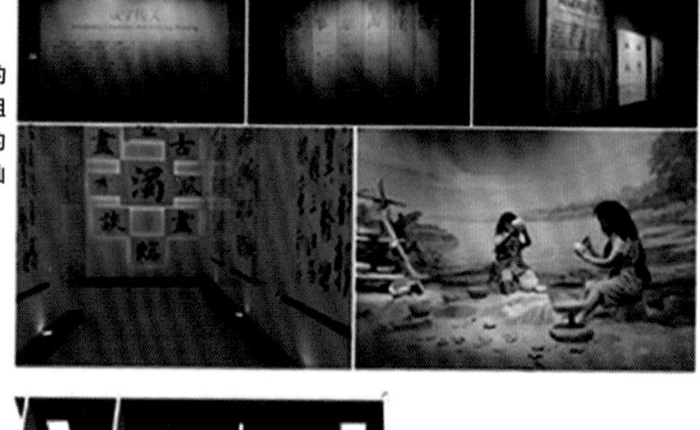

参观区域平面图

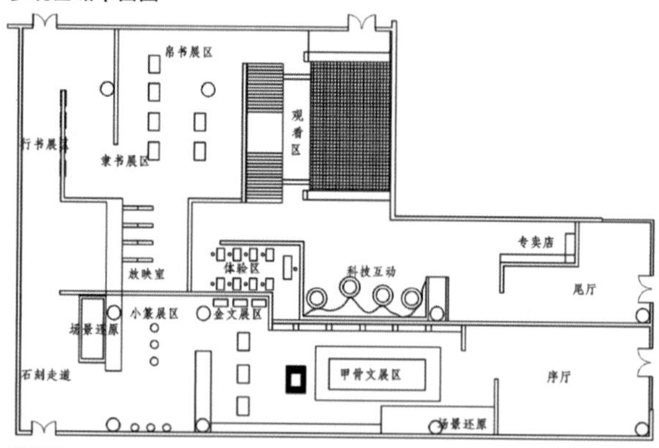

空间模型

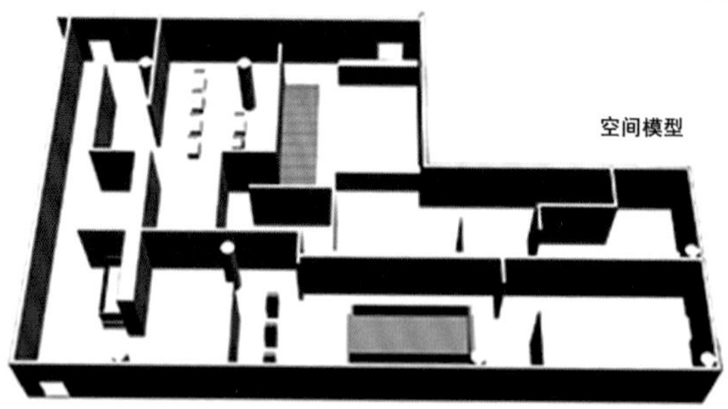

效果图

图3-40　案例研究（二）

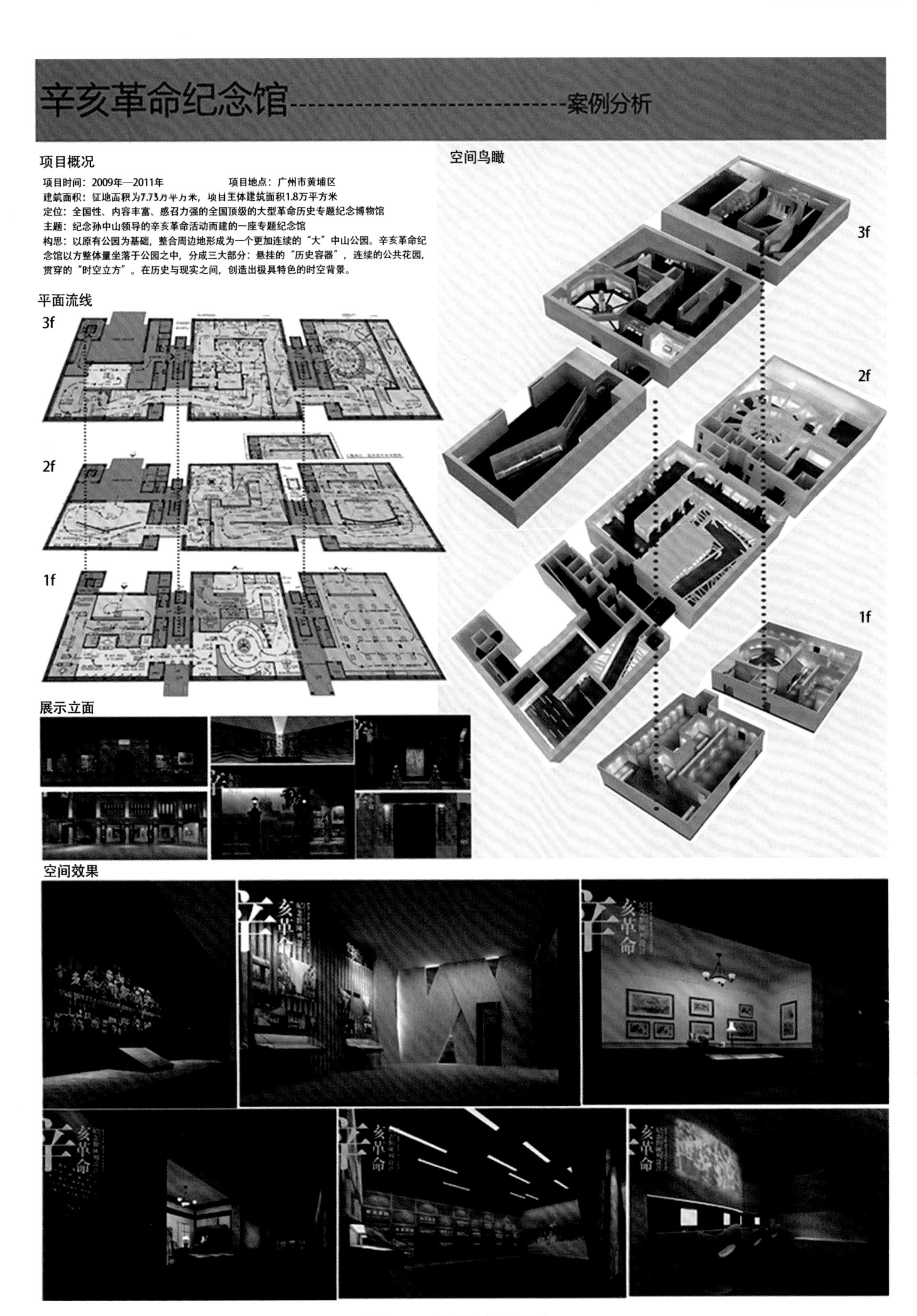

辛亥革命纪念馆——案例分析
项目概况
项目时间：2009年—2011年
项目地点：广州市黄埔区
建筑面积：征地面积为7.73万平方米，项目主体建筑面积1.8万平方米
定位：全国性、内容丰富、感召力强的全国顶级的大型革命历史专题纪念博物馆
主题：纪念孙中山领导的辛亥革命活动而建的一座专题纪念馆
构思：以原有公园为基础，整合周边地形成为一个更加连续的“大”中山公园。辛亥革命纪念馆以方整体量坐落于公园之中，分成三大部分：悬挂的“历史容器”，连续的公共花园，贯穿的“时空立方”。在历史与现实之间，创造出极具特色的时空背景。
平面流线
3f
2f
1f
空间鸟瞰
3f
2f
1f
展示立面
空间效果

图3-41 案例研究（三）

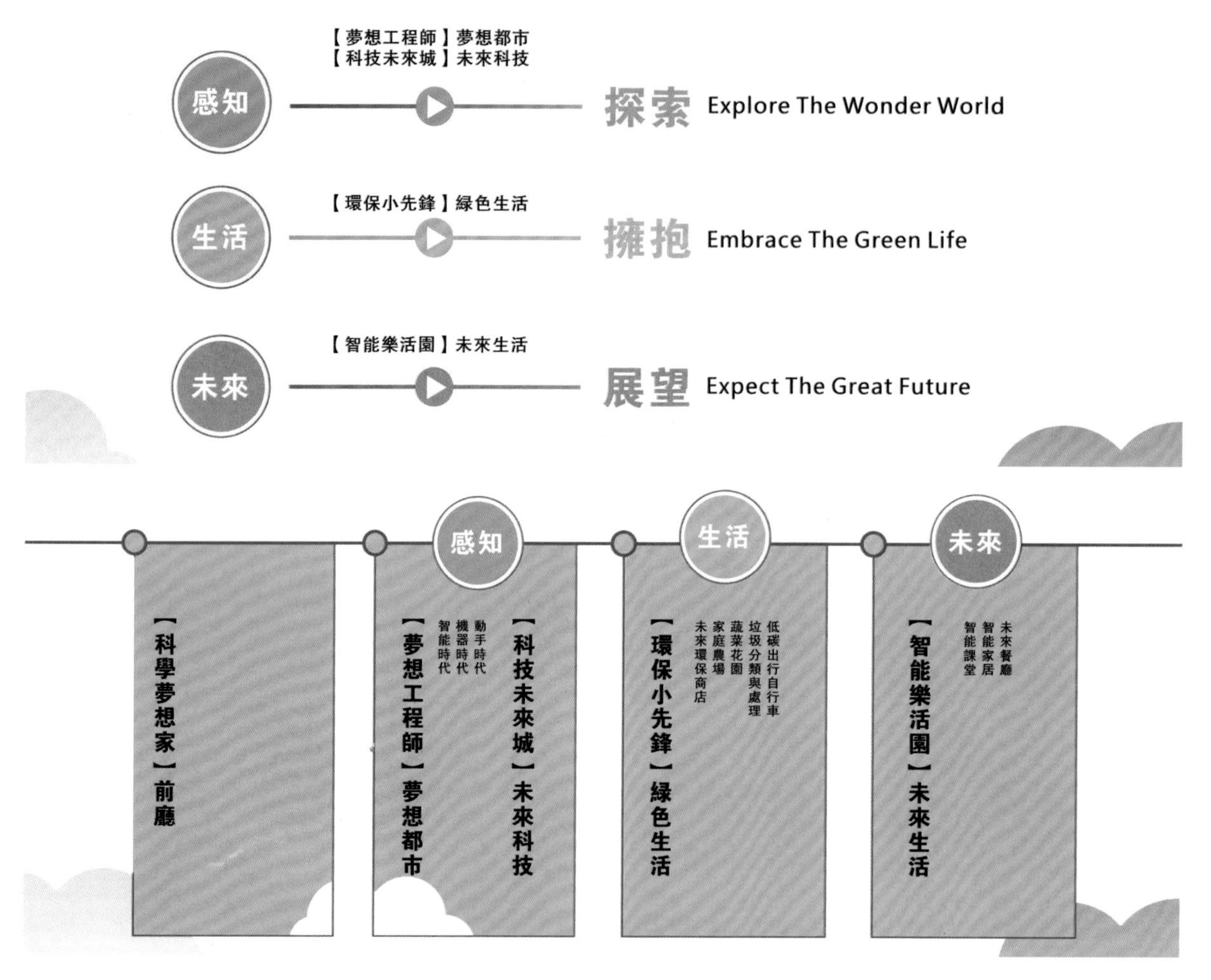

图3-42　某儿童活动中心展陈大纲

另外，在媒体推广方面可以依托所在区域实施整体宣传策略，可酌情定制一些符合自身需求的推广宣传手段。现在常用的做法就是在博物馆周边区域或城市中，通过市内灯箱、三面翻等形式的广告进行宣传；通过周边高速道路上等的户外广告进行宣传；通过知名报纸、杂志进行软文推广；利用新媒体（门户网站、旅游类知名网站）进行推广；在电视台、电台上进行广告宣传等。

所有这些宣传推广活动无非就是为了营造一种让目标客户认知的效果。但是在所有的营销手段中，口碑营销是一种最为稳定和持久的营销。口碑营销涉及的因素不单单只是宣传推广活动本身，更多的是博物馆自身的展陈内容和方式令人难忘，让参观者获得深刻的体验，从而形成口口相传的良好效应。而博物馆自身的口碑营销也会带来更为深远的影响。对于博物馆口碑效应可以细分为多重热度：对博物馆宣扬的其所代表的典型文化的宣传推广作用；对博物馆所在城市精神和宣传热度的提升作用；对博物馆所在区域的文化产业的示范拉动作用；对博物馆所在区域的文化旅游的引领作用等。

（3）受众分析。不同的参观群体对博物馆的参观需求是不一样的，无论是观看需要还是身体条件，都具有一定的群体差异性，因此，需要结合不同受众人群进行功能定位的分析。而根据不同的参观群体，分析他们的需要是博物馆展陈设计得以顺利开展的一个重要的前提。在此基础上，可以对应绘制参观节奏的图示（根据策展内容进行绘制），为每一个展区划分大概的参观时间长度，然后串联起来形成一个富于节奏感的参观过程（图3-43）。

（4）项目分工。绘制项目分工及时间进度安排表，根据方案进度设计针对不同阶段的具体任务，同时结合小组成员的不同分工，安排针对每个人的不同任务。

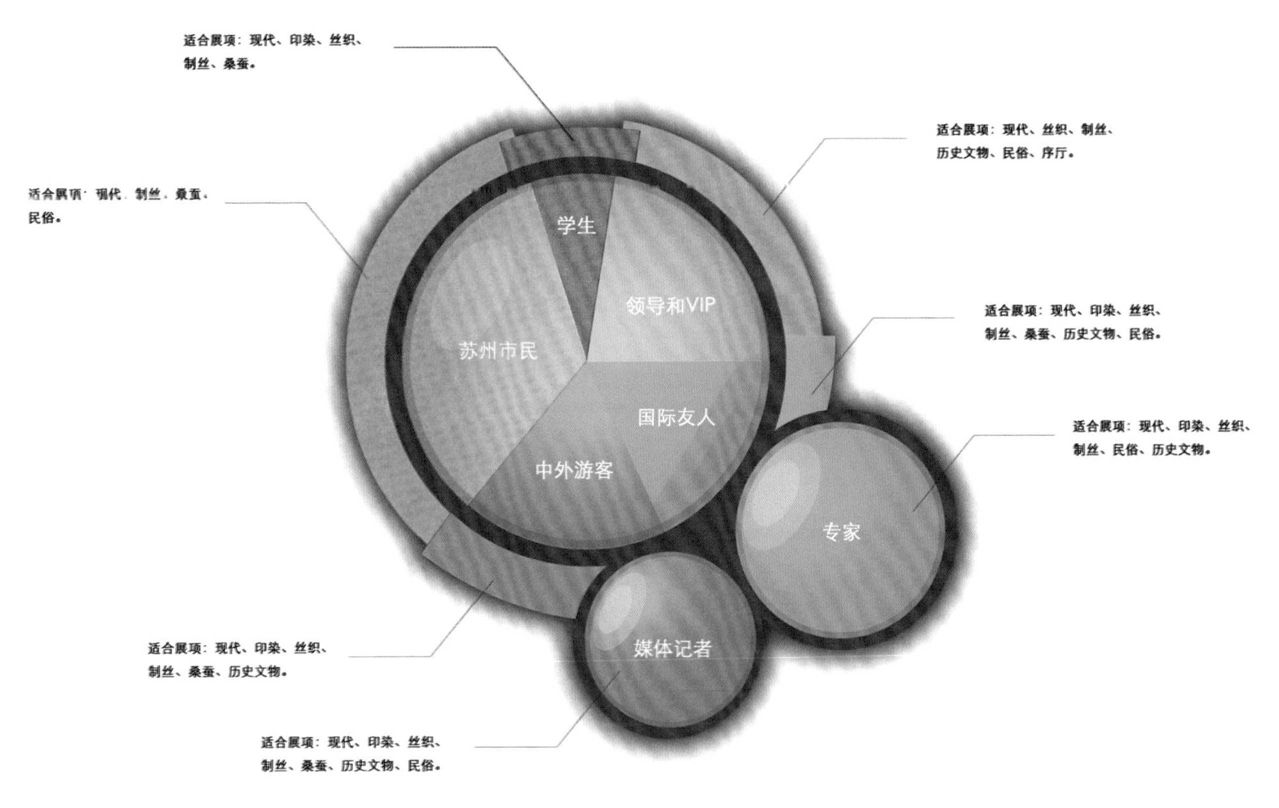

图3-43　受众分析

3. 方案初步

完善和确定概念图版及意向图版，明确设计方向，以下四点适用于不同方案空间。

（1）概念图版。寻找激发自己的灵感从而产生设计方案的图片。

（2）意向图版。确定对自己的方案产生借鉴并且可以表达设计意向的图片。

（3）主题提炼。根据前期调研、前期策划以及寻找的概念图版，提炼出方案主题的关键词，主题的提炼必须通过概念图版和意向图版进行表达，这是三位一体的。

（4）思维导图。思维导图是指设计思路的分析。通过思维导图将设计的思路进行更为清晰的逻辑梳理，其中包括主题解析、概念推演、形象发散、设计生成过程。

4. 方案设计

（1）形态推演。各个不同的方案小组根据项目各自的特点，结合自己所拟订的主题，选择合适的形态来源。如可以选取研究丝绸、蚕茧、苏州花格窗，然后以此为基础，按照特定法则，遵循严谨逻辑，以几何抽象的方式对形态进行严密的推演，可以参考之前花格窗推演的基本方式。在这个过程中，可以选取其他综合材料，突破二维限制，进行三维探索，并结合使用功能将其运用于设计的空间中。

（2）流线规划。根据策展内容和现有条件，将策展内容对位体现并串联在二维的平面空间流线上，注意空间的想象力、穿插关系、参观节奏等多种因素。

（3）展面设计。根据前期对于展示内容的研究以及搜集的一些图文信息，结合流线规划，划分展陈区域，用AI软件绘制主要展陈面。通过绘制展陈面的方式研究具体的展陈形式，这也为空间的深化设计提供了具体的依据。进行展面设计时不能简单地将其理解为版面的设计，而应该将其看作立体的三维空间，运用多种展陈形式，其中包括版面，各种形式的展柜（壁柜、独立柜等），投影、幻影成像、自动桌等多种多媒体形式以及半景画、三维立体场景、情景雕塑等多种形式为参观者营造一种良好的参观体验（图3-44～图3-46）。

（4）平面规划。根据前期流线的规划、展面的设计以及最重要的展陈内容的设置，将其一一对位，详细地布置在二维平面上，其中平面规划至少详细到三级标题的展陈内容，另外需要表现展项设计（图3-47、图3-48）。

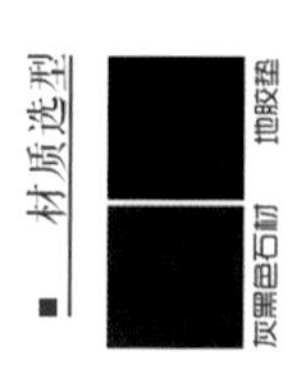

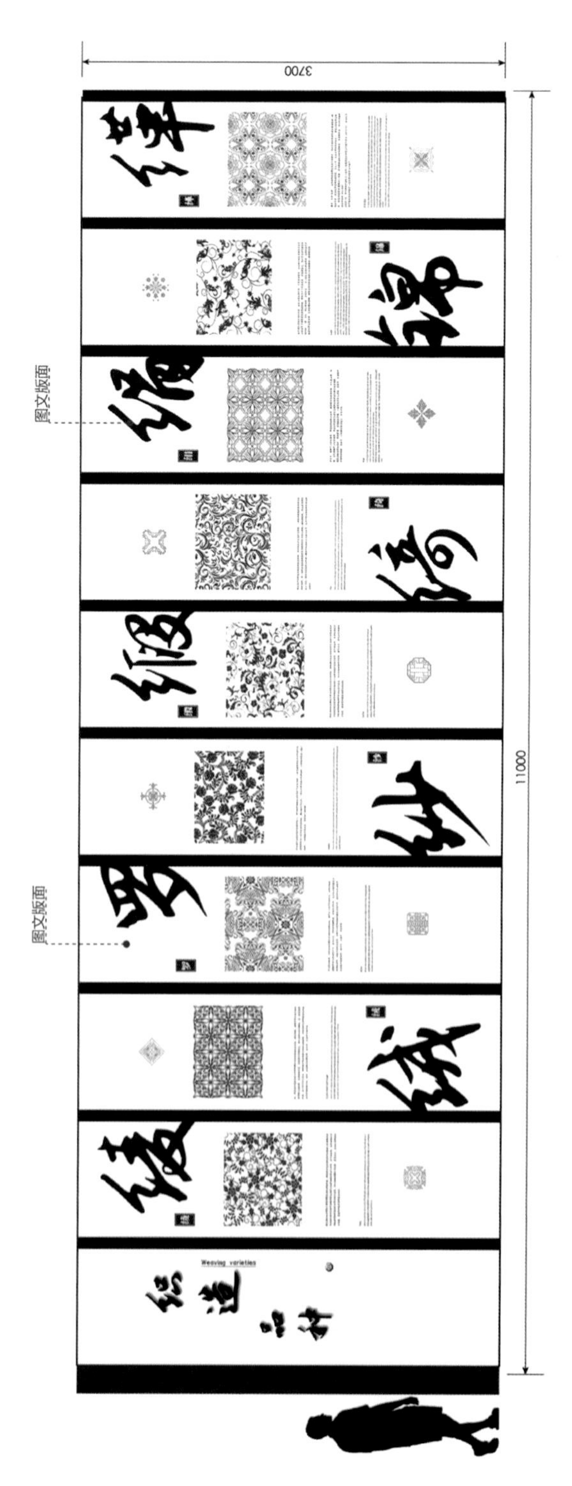

图3-44 展面设计1

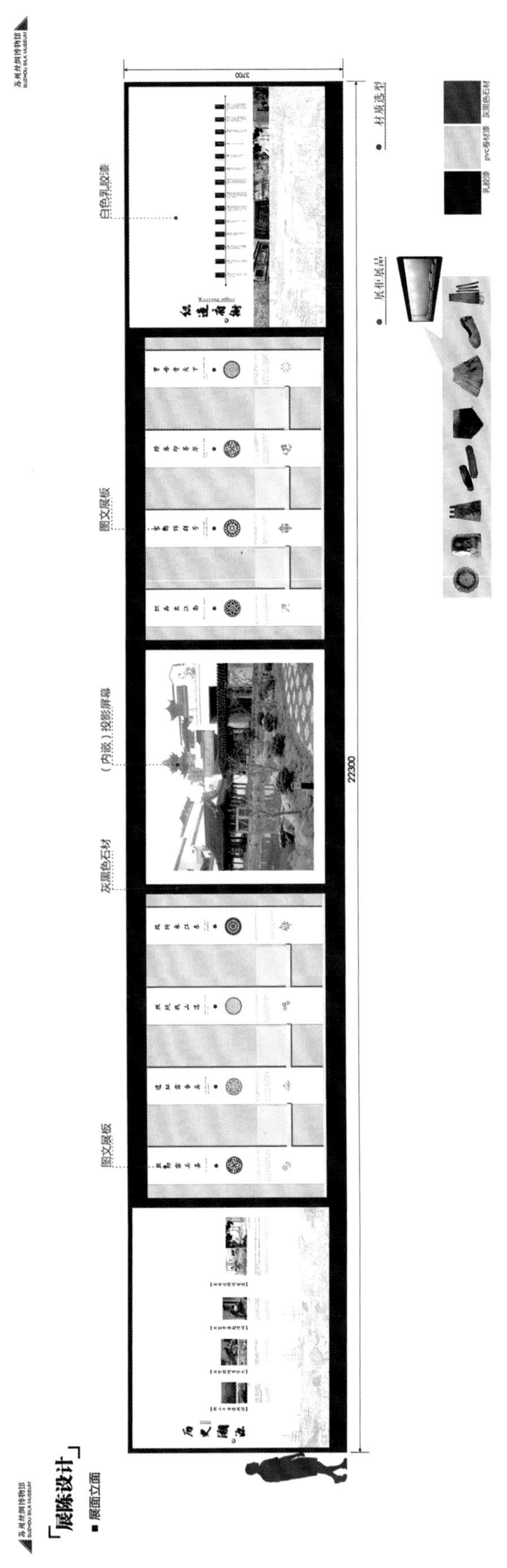
苏州丝绸博物馆
「展陈设计」
展面立面
3700
22300
白色乳胶漆
图文展板
（内嵌）投影屏幕
灰黑色石材
图文展板
材质选型
展柜展品
乳胶漆
pvc基材漆
灰黑色石材

图3-45 展面设计2

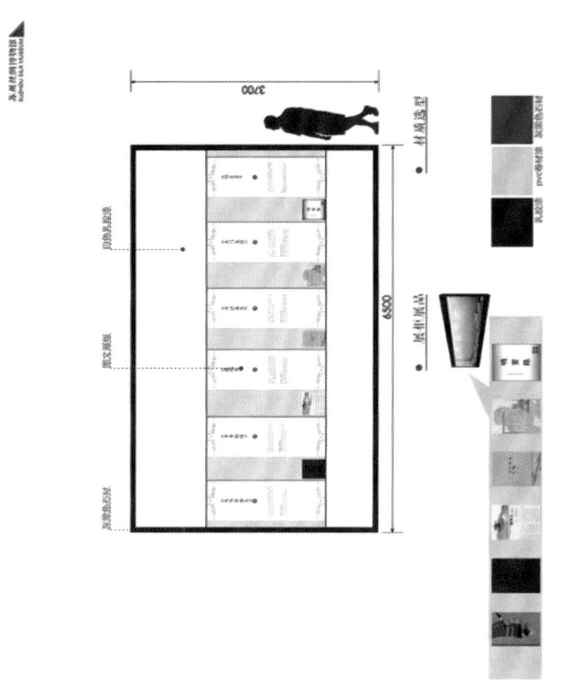

图3-46　展面设计3

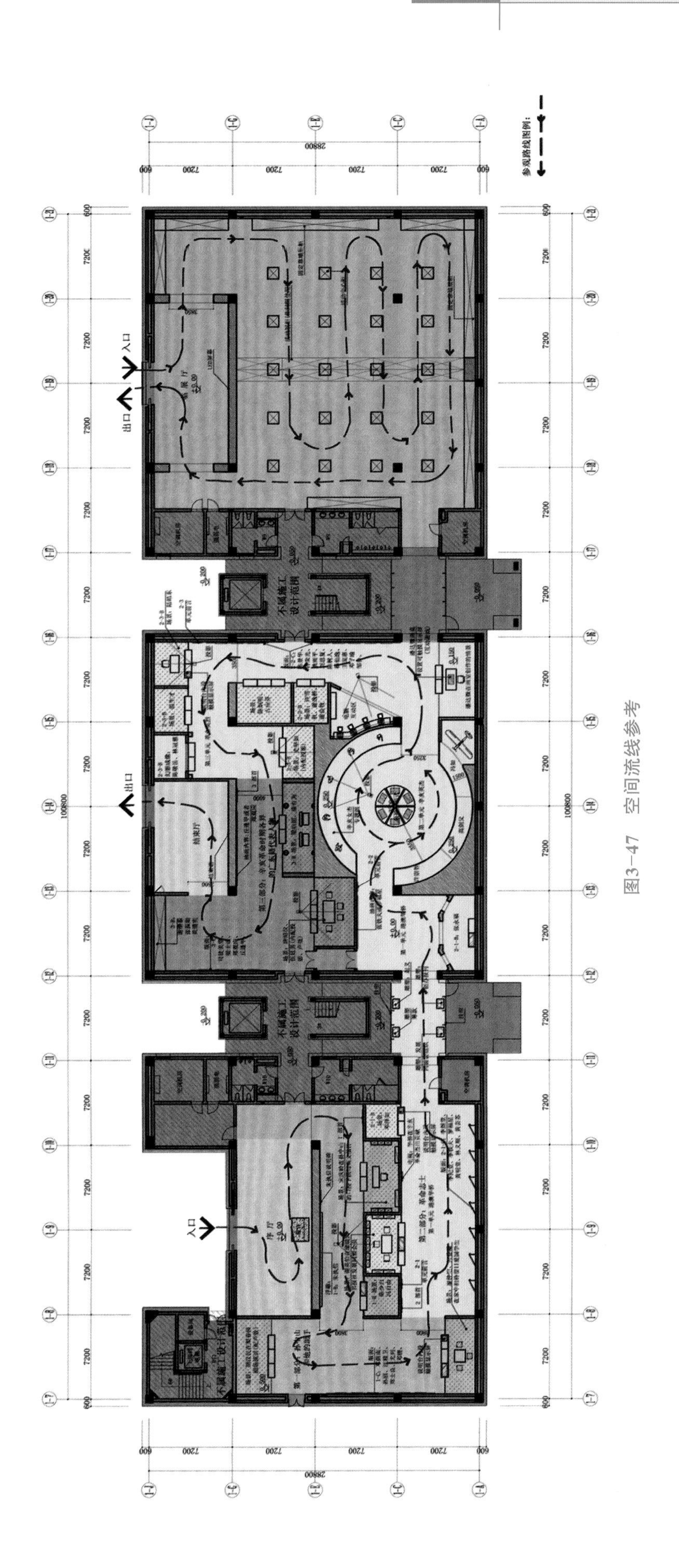

图3-47 空间流线参考

图3-48　剖切模型参考

（5）材料选型。根据不同的展区以及设计的主题选择不同材料进行对位，制作一个二维的材料样板图版。

（6）灯光设计。根据各展区展品以及展板的定位选择不同的定位灯光（点光源、带光源、面光源等）。

（7）绘制方案草图、草图模型。

（8）轴测图、拆解图、剖面图。

5. 设计深化

（1）模型制作。根据之前的设计制作模型（图3-49），选择合适的材料。

（2）空间深化。需要运用三维建模软件进行空间的深化，开始为空间赋予基本材质、灯光、摄像机角度，注重表现效果。

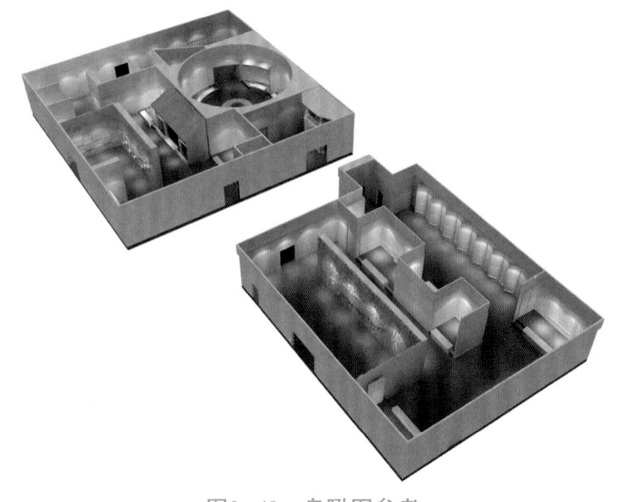

图3-49　鸟瞰图参考

（3）平面深化。根据前期工作的进一步开展以及三维空间的进一步调整，有可能涉及平面规划的局部调整，这些问题一定要在这一阶段进行调整，要做到对平面规划与三维空间准确对位。

（4）展面优化。主要针对展面所涉及的细节深化设计。基于目前展陈形式的立体化和展陈方式的多元化，需要对展陈表面上的图文进行准确的对位，此外，还需要确定背景版面、展柜的材质、尺寸。从展柜中具体展示的文物到场景的设计、多媒体的安排，都需要进行充分的考虑（图3-50、图3-51）。

018
Design explanation | 湖州市革命烈士（钱壮飞）纪念馆
HUZHOU REVOLUTIONARY MARTYRS MEMORIAL OF (ZHUANGFEIQIAN)

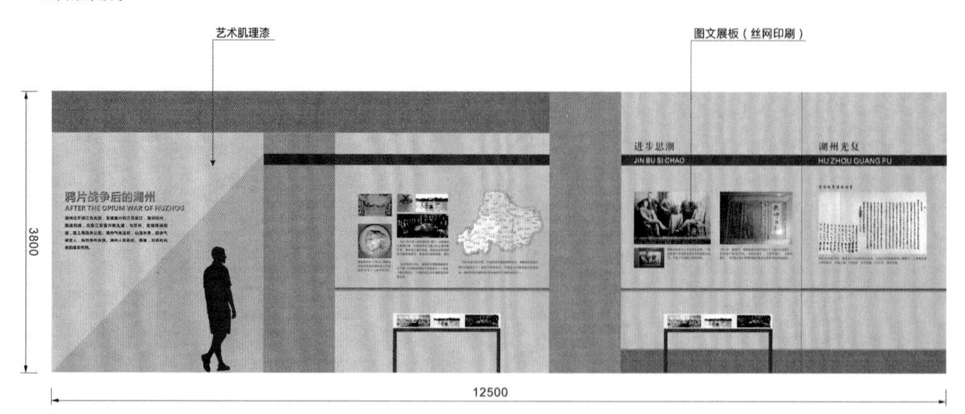

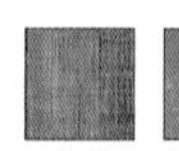

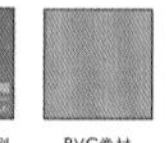

图3-50　展面优化设计1

016

Design explanation | 湖州市革命烈士（钱壮飞）纪念馆 HUZHOU REVOLUTIONARY MARTYRS MEMORIAL OF (ZHUANGFEIQIAN)

>> Design Explanation

场景设计

《湖州沦陷》场景位置

《湖州沦陷》场景复原

图3-51　展面优化设计2

（5）节点设计。节点设计是针对展面设计做进一步深化，尤其需要对交接关系进行把握。由于目前展面设计的图面表达方式多是通过平面设计类软件来完成，一些转折面等细节很难表现出来，那么就需要对这些节点尤为注意，避免在后期施工中发生错误。

6. 设计提案

（1）文本设计。将项目前期、中期到后期的所有过程全面地反映在文本当中，在表达形式上采用A3大小，将形象分析所做的壁纸运用在每个章节（图3-52、图3-53）。

图3-52　文本设计参考1

图3-53 文本设计参考2

（2）材料选型。将方案所选用的材料进行汇总并制作一个材料选型样板，直观地展示材料运用的效果（图3-54）。

（3）展板设计。A1大小，每人至少一张板，版面应是文本的集中提炼和深化（图3-55～图3-62）。

（4）汇报形式。将前期所有工作进行整理，以综合多元的方式全面展现设计成果（图3-63～图3-67）。

图3-54 材料选型参考

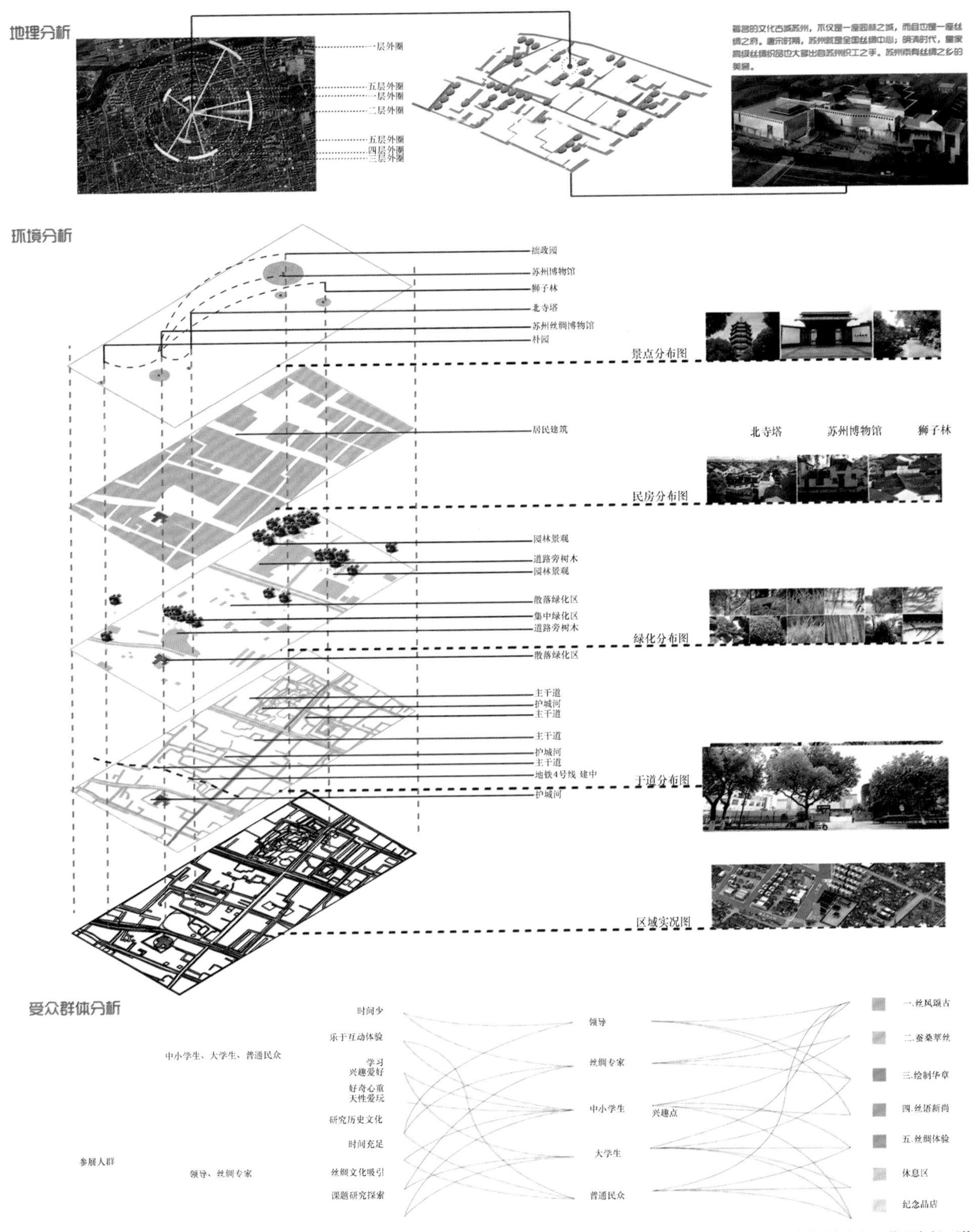

图3-55 苏州丝绸博物馆展陈设计之“江南花格”展板1

江南花格——苏州丝绸博物馆展陈设计 02形态推演

表皮元素分析

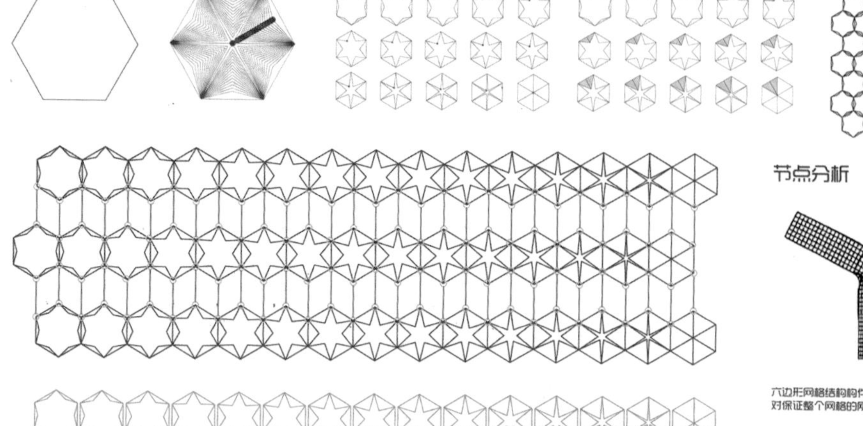

节点分析

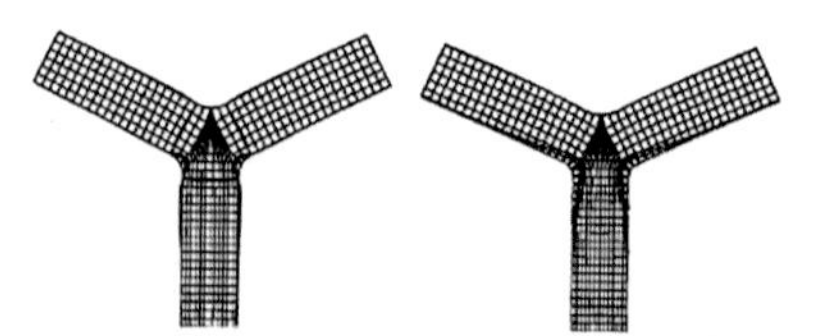

“Y”型三通构件节点

六边形网格结构构件主要通过y形节点相互刚性连接形成整体，该节点的刚度及承载力对保证整个网格的刚度以及承载力至关重要。

该图片上节点由暖到冷的变化，反映了建筑结构上节点的受力由重至轻的状况。

单元模型制作

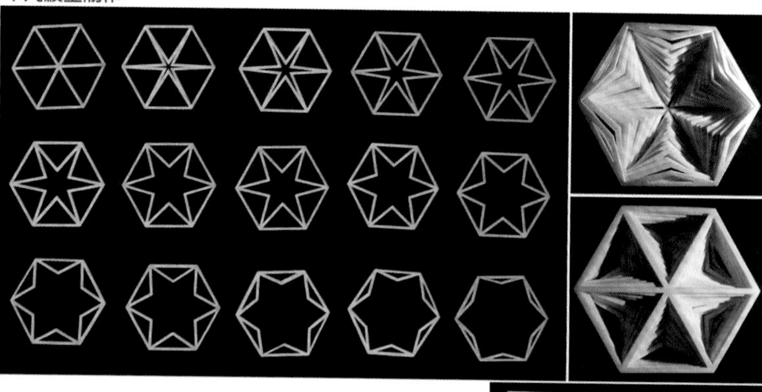

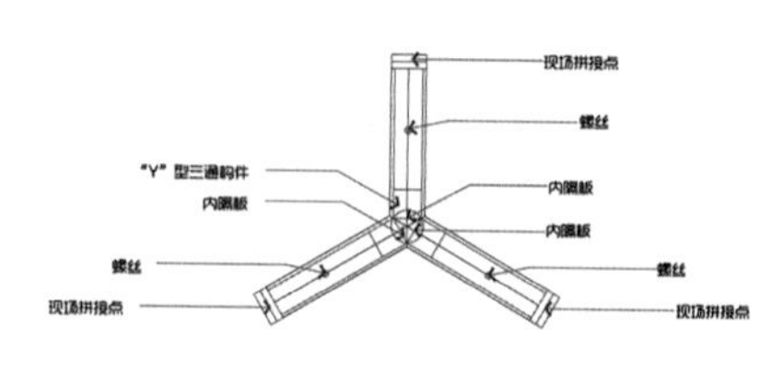

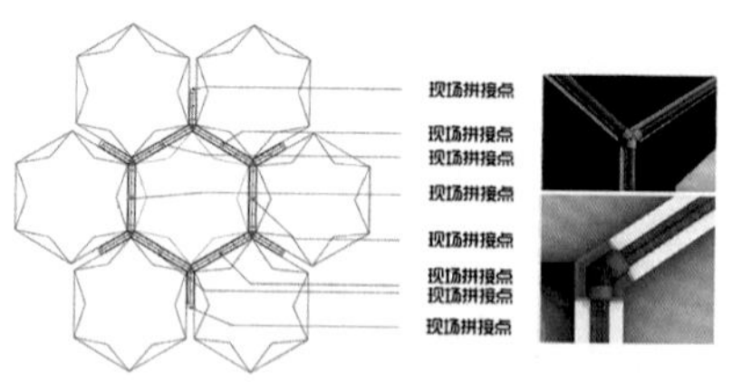

单元模型效果展示

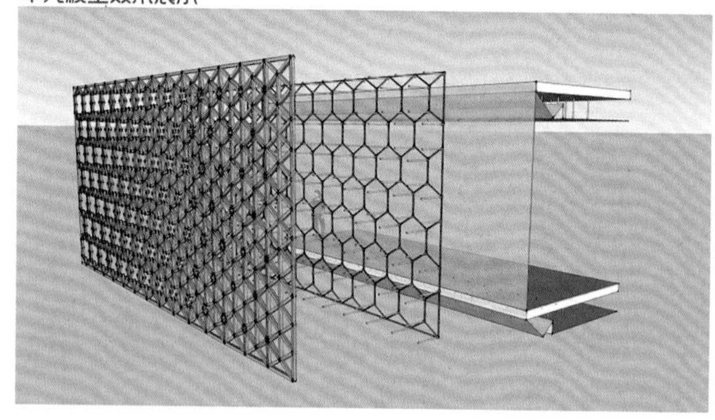

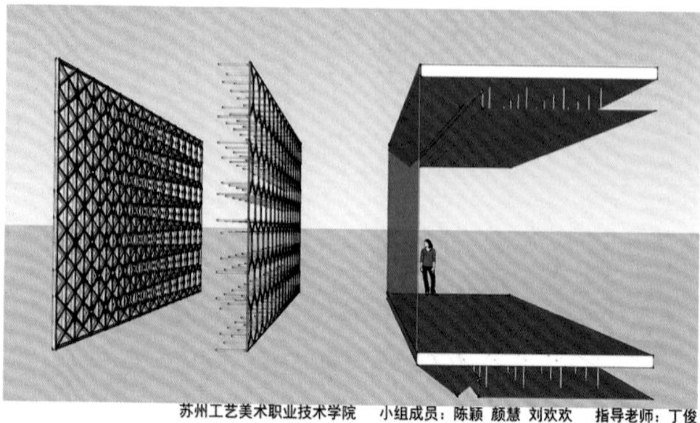

苏州工艺美术职业技术学院 小组成员：陈颖 颜慧 刘欢欢 指导老师：丁俊

图3-56 苏州丝绸博物馆展陈设计之“江南花格”展板2

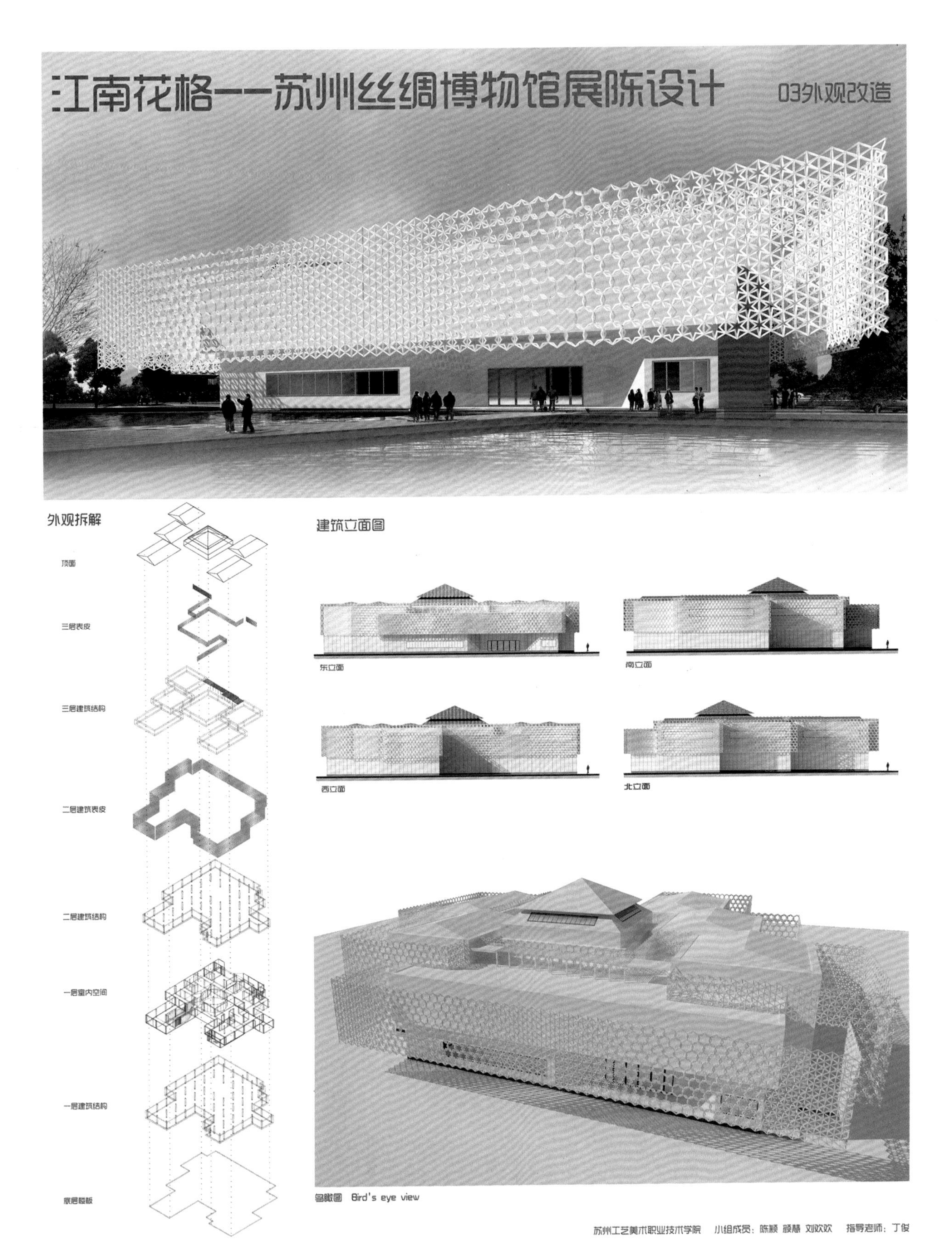

图3-57 苏州丝绸博物馆展陈设计之“江南花格”展板3

江南花格——苏州丝绸博物馆展陈设计 04效果展示

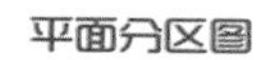
平面分区图

平面流线

普通路线

VIP路线

模型鸟瞰

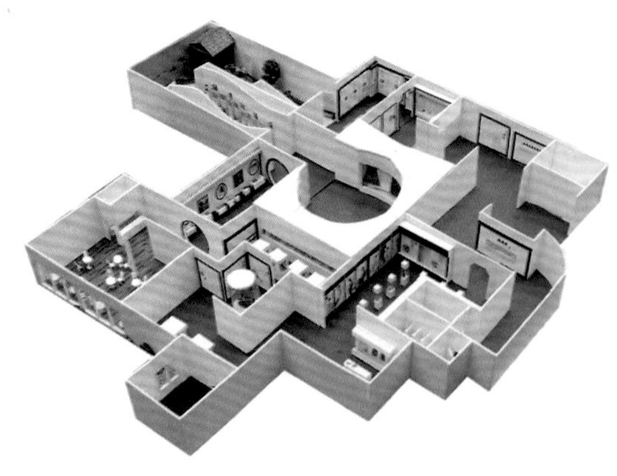

苏州工艺美术职业技术学院　小组成员：陈颖 顾慧 刘欢欢　指导老师：丁俊

图3-58　苏州丝绸博物馆展陈设计之“江南花格”展板4

茧盒子--苏州丝绸博物馆展陈方案

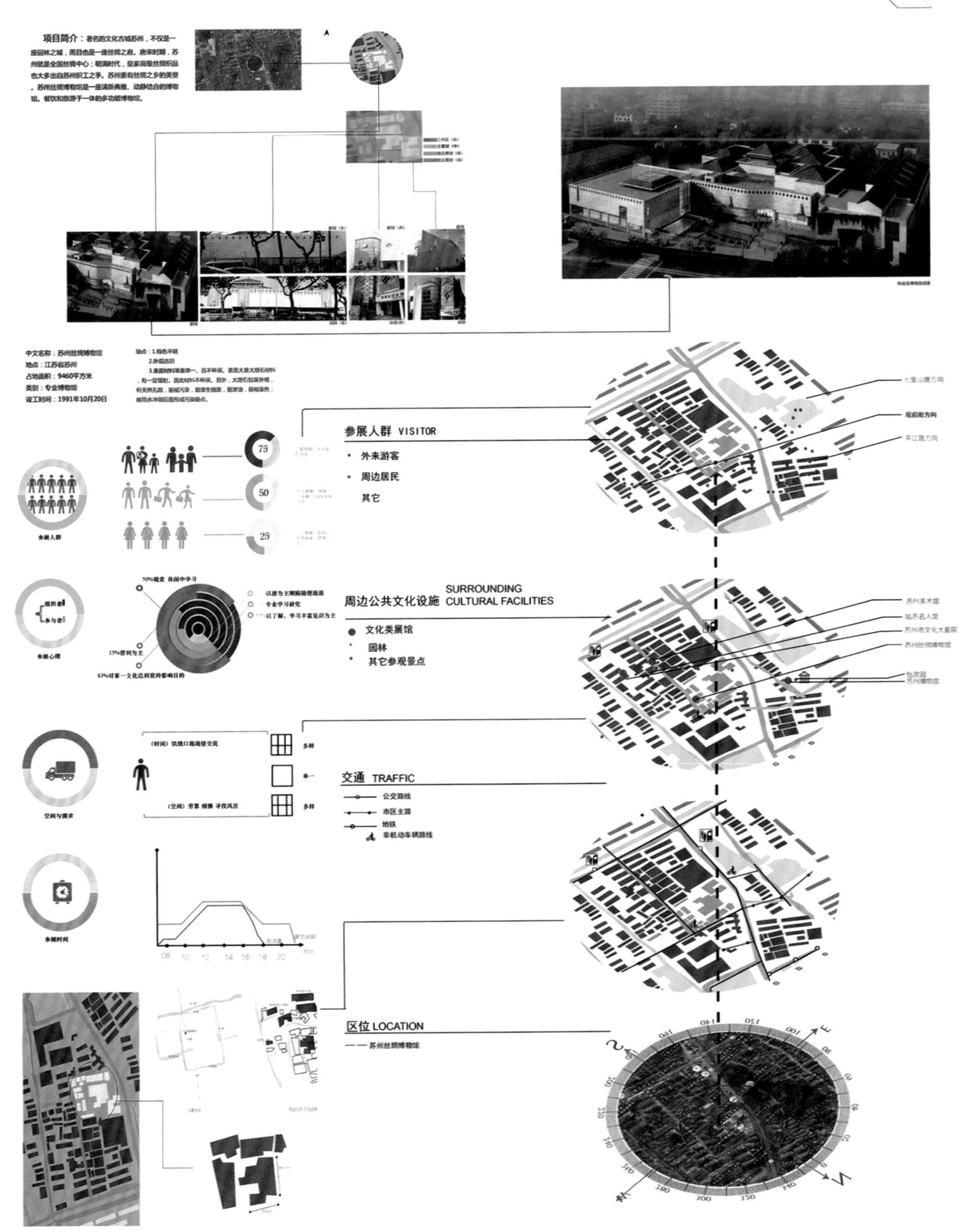

主题：茧盒子组员：李源清、卫国静、任萌萌 指导老师：丁俊

图3-59 苏州丝绸博物馆展陈设计之“茧盒子”展板1

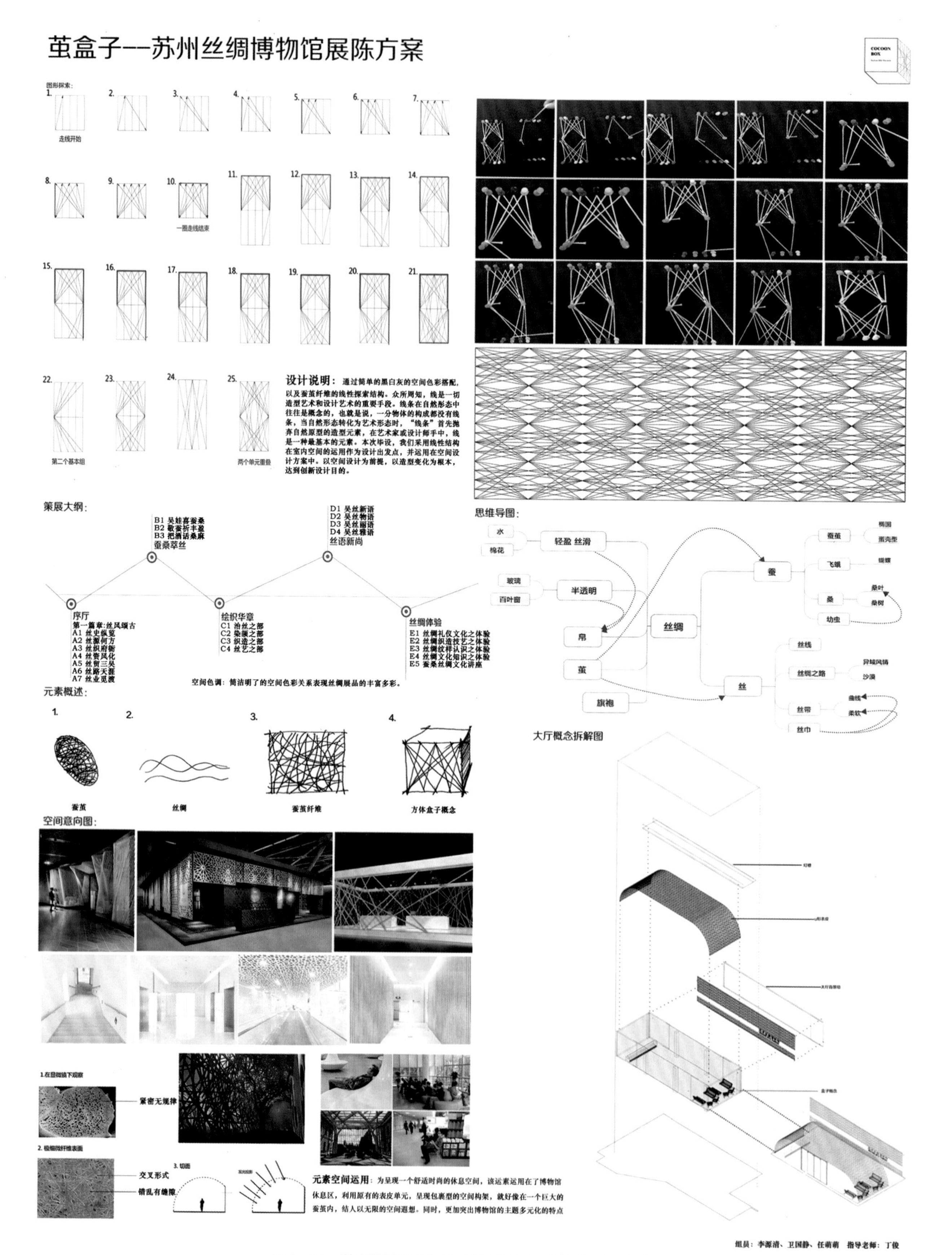

图3-60　苏州丝绸博物馆展陈设计之“茧盒子”展板2

茧盒子--苏州丝绸博物馆展陈方案

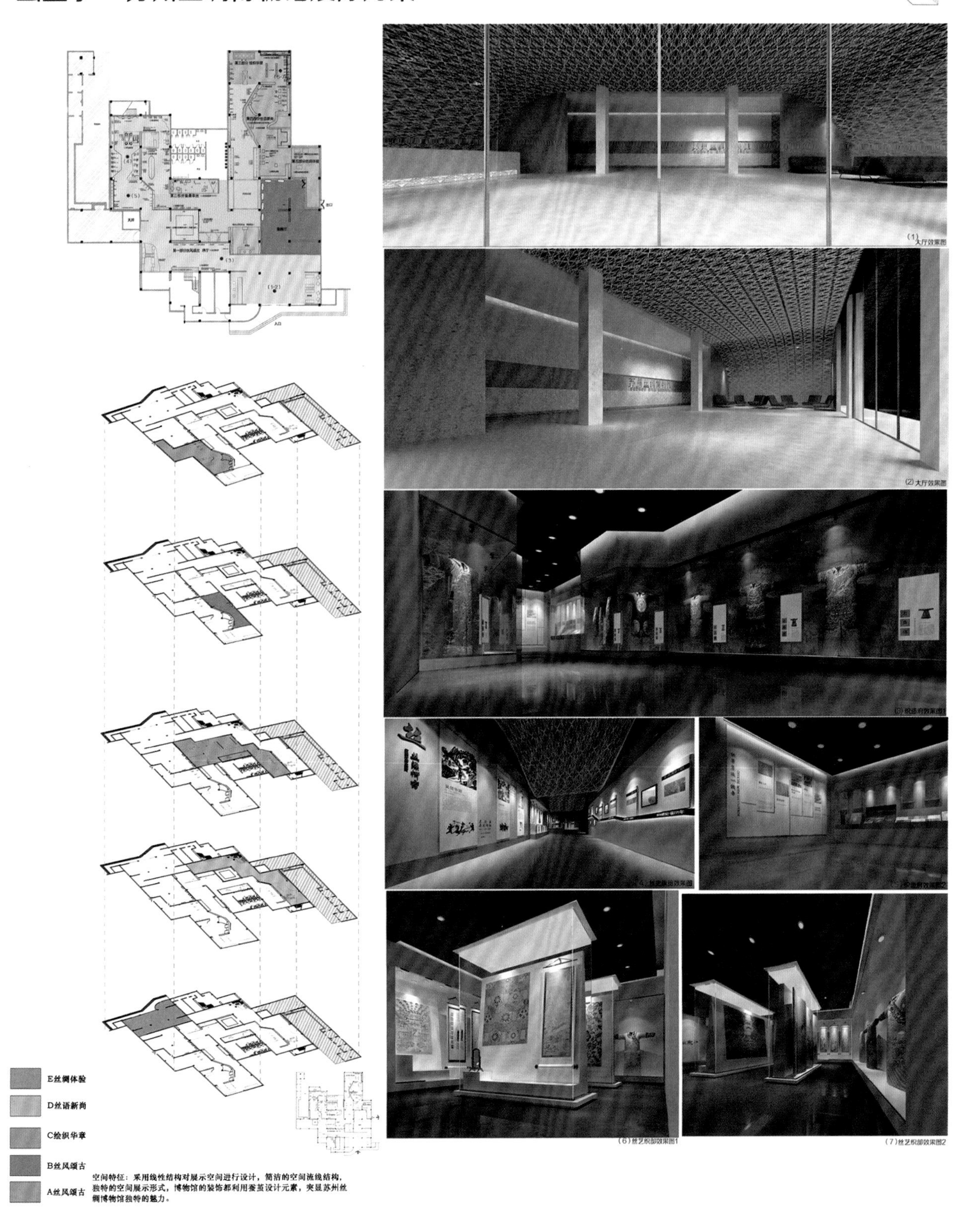

主题：茧盒子 组员：李源清、卫国静、任萌萌 指导老师：丁俊

图3-61 苏州丝绸博物馆展陈设计之“茧盒子”展板3

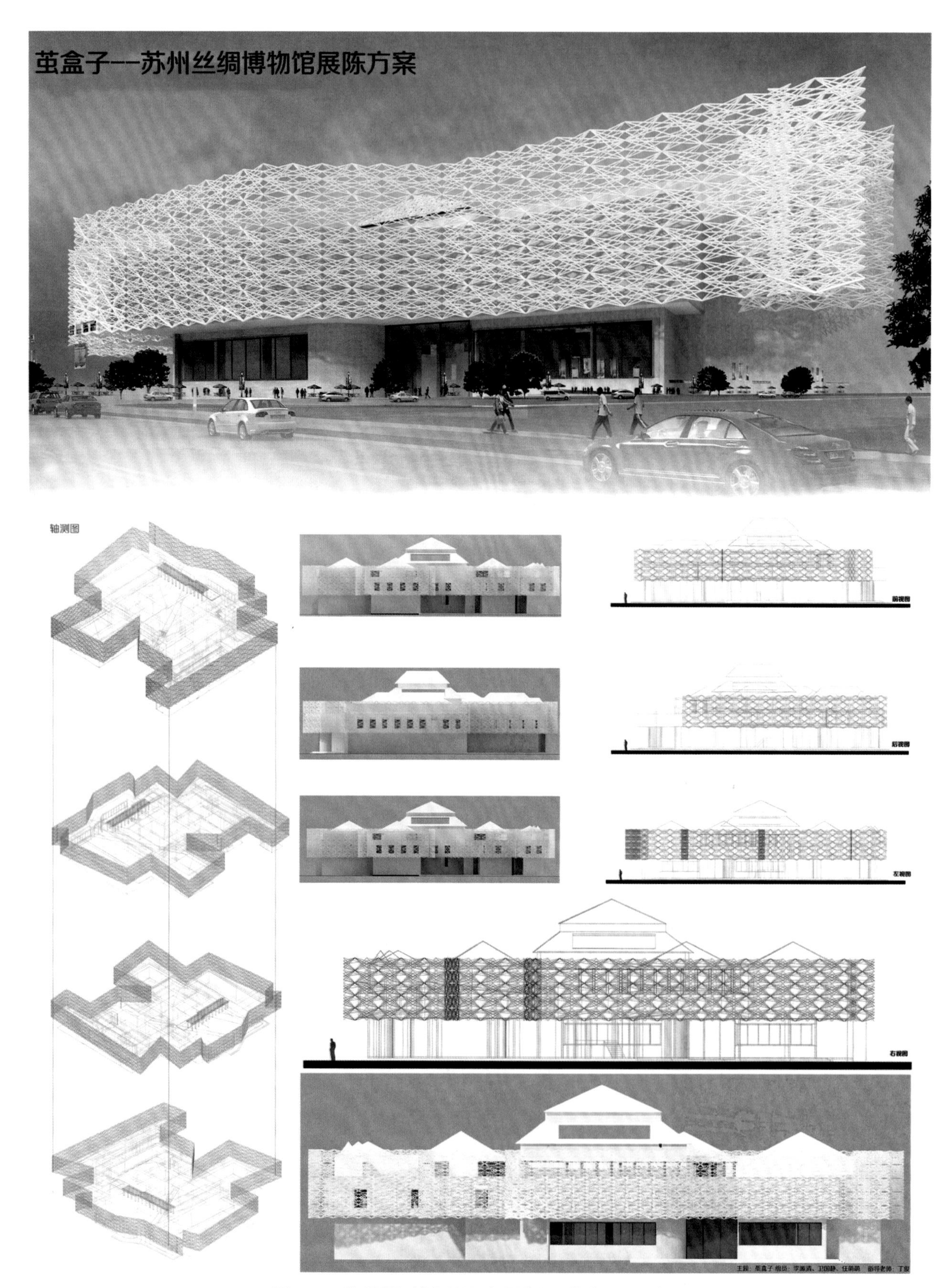

图3-62　苏州丝绸博物馆展陈设计之“茧盒子”展板4

图3-63 苏州丝绸博物馆展陈设计内部模型1

图3-64 苏州丝绸博物馆展陈设计外部模型2

图3-65 苏州丝绸博物馆展陈设计展览现场3

图3-66 苏州丝绸博物馆展陈设计外部模型1

图3-67 苏州丝绸博物馆展陈设计外部模型2

※ 第三节　江南传统旧建筑的改造设计

一、项目介绍

探讨室内空间和地域传统文化的关系是室内设计教育界十分热门的话题。2015年3月，美国室内设计教育者委员会(IDEC)在得克萨斯州沃斯堡召开的室内设计年会及其室内设计学报（Journal of Interior Design）的论文征集就以此为主题。地域文化之于室内空间的重要性是不言而喻的，正如IDEC官方网站所指出的那样，“文化一直是室内设计教育与实践探讨的核心议题之一；不同的文化背景带来不同的生活方式，从而产生不同的室内环境。”设置地域传统旧建筑的调研和改造设计的相关训练正是在这种背景下的一种尝试，可以增强对于在地传统的认知，训练对于在地传统的传承与创新。此训练可以作为高进阶课程的补充。

值得注意的是，将地域传统文化融入室内设计课程在国内许多专业院校都有探索。比如江南大学设计学院的《民间建筑传承与创新设计》课程经过多年的探索，已经形成比较稳定的教学路径。该课程通过实地调研、摄影、测绘、调查问卷等方式，扩大学生设计视野，加深对中国传统建造文化的价值认知。又如中国美术学院的一系列建筑空间设计课程，注重将中国传统文化的融入作为设计导向。其开设的《纸上造园》《摹画筑屋》等课程通过研究中国传统的图画、影像与视觉空间探索从中国传统的文学和绘画的叙事方式转换到空间的叙事方式。

国外也存在相关探索，比如美国得克萨斯州立大学奥斯汀分校在一年级下学期的基础工作室阶段就开始注重围绕文脉分析展开探讨。学生们需要考虑建成环境的文脉，并以此来理解项目，还需要在不同的尺度下考虑文脉的含义，其中包括细节的、贴身的私密性尺度和建筑的、景观的、城市环境的大尺度；还有一些课程将其作为一个重要的议题进行讨论。同样在该校建筑学院2015年秋季学期的《室内与社会》（Interiors & Society）的研讨课中，室内空间和文化的关系被视为其课程目标的四大核心议题之一：理解室内空间如何反映文化价值和社会组织以及如何被其塑造。又如日本武藏野美术大学工业工艺系室内设计专业也同样明确将文化作为重要的探索议题之一。其四年级课程《文化空间和商业设计》的介绍中指出，商业空间是具有在同一时间形成城市文化的经营场所。另一个课题《地域和设计（选择）》专题中要求学生通过一家小旅馆的设计，在提供的空间中探讨地域的价值是如何体现的。

以上学校的相关课程对于室内空间反映文化因素的方式各有不同。中国美术学院的相关课程呈现了从反映地域特色的中国传统山水画的意境中寻找灵感，通过维度（从绘画的二维到空间的三维）和尺度的转换，建造具有文化意味的空间。得克萨斯州立大学的工作室和研讨课程都比较强调对于场地的尊重、选用当地材料等从而保留历史记忆，体现了人文式的关怀。

此课题希望通过实地考察，以测绘、摄影、问卷、资料收集等方式，对苏州传统旧建筑进行调研，对其空间形态、建筑装饰、材料工艺等方面进行研究。随后解读其文化内涵，分析其传统特征，进而对其进行改造设计。

二、设计案例

本设计案例为苏州市董氏义庄改造设计中的董氏义庄茶室项目。

董氏义庄位于钮家巷33号（图3-68），大郎桥巷[①]与思婆巷交汇处，建于清道光4年（1824年）。相传清嘉庆末期茶商董秉玠经商致富后乐善好施。因其族中贫困学子较多，董秉玠以私蓄18 293两白银，购田1 003亩，捐为义田，并建义庄。后经江苏督、抚两宪把董氏事迹上报朝廷，道光皇帝给予嘉奖，并赐九品登仕郎。礼部给银30两，由董氏家族建“乐善好施”牌坊。董秉玠中年去世，长洲县上报江苏抚台，抚台责令由布政使司衙门发给董氏妻浦氏及其子董景贤等执贴（即土地房屋凭证）。在执贴中，借事说典，重申了保护义田、义庄的地方性法规，并勒石刻名以警世人。董氏义庄经过百多年的变迁，完好留存的仅剩正厅一座。门口是一件残存的石牌坊构件，为此次修缮中从土中挖出的。可能是道光皇帝敕建“乐善好施”坊的构件。入门为原间隔中路与东路建筑的备弄，中路建筑基本已被改建成现代建筑，东路尚存两进，宫式落地长窗较完好。董氏义庄基地面积约2 500平方米，曾改做学校和塑料工厂，义庄的大厅和部分沿河房屋仍保持原貌，但破损严重。北部原有的房屋已拆除，改建为三层的混凝土厂房，后来又成为垃圾中转站，外貌与历史街区不符。[②]

董氏义庄茶室项目面临两方面的挑战，一方面是保护传统的城市肌理，另一方面是使衰退的居住建筑适应现代城市生活。根据现有建筑状况，基地被分为南北两个部分，南部是传统的庭院住宅，其物质空间需要保留下来。基地北部是一个需要被拆除和重建的小厂房。新建筑在设计上较为创新而且结构化，意图在保护建筑中提供一些现代气息。其中一座咖啡吧带有旋转上升的楼板，每层抬高40厘米，一直通达屋顶，这样形成了连续性的室内和室外景观平台，游客可以在此欣赏历史街区美丽的天际轮廓。新建筑外表面用一层镂空青砖墙进行包裹，游客在室内可以获得通透的视野，在外部则会形成较为密实的体量，用来限定沿河的广场空间。[③]

---

① 民国《吴县志》作大郎桥巷，列銮驾巷（钮家巷）后，资寿寺巷（濂溪坊巷）前。《苏州图》标大郎桥巷。“文革”时改名建新巷，20世纪80年代复名为大郎桥巷，1994年又改名建新巷。

② 以上根据网络非正式出版物整理。

③ 参见童明：《保护建筑中的现代气息——苏州董氏义庄保护改造设计》，建筑与文化，2007（09）：38-39页。

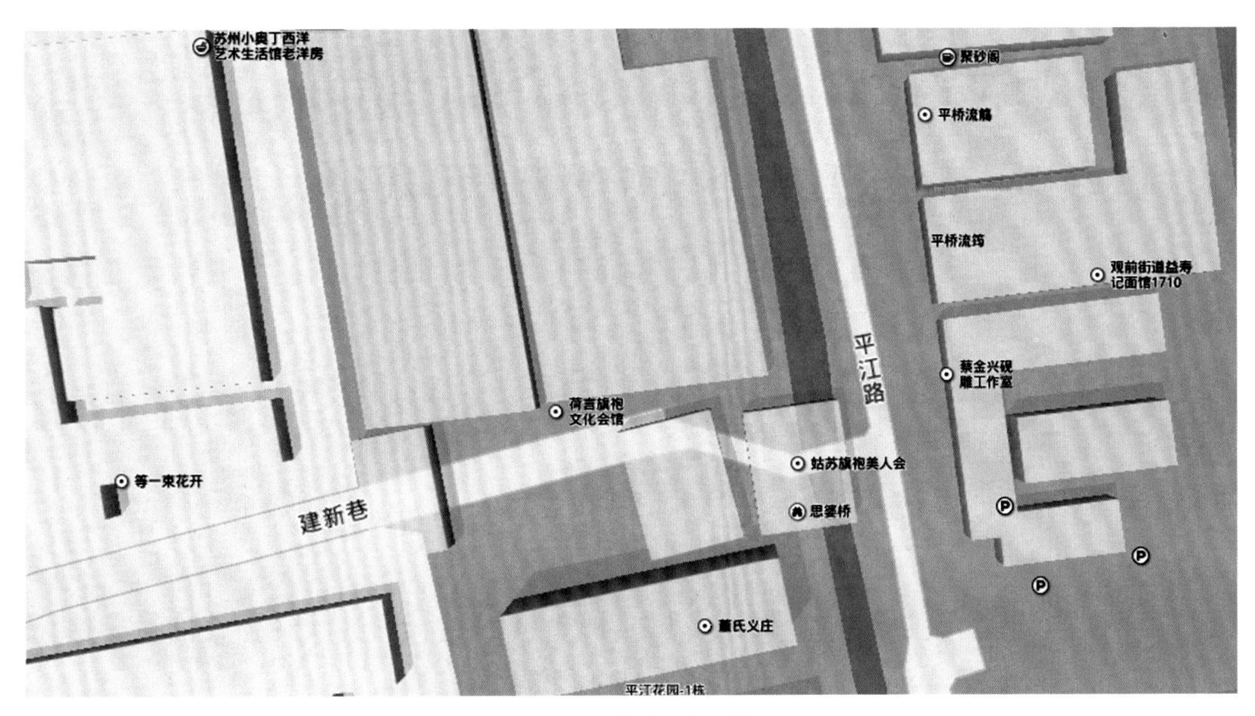

图3-68 董氏义庄位置

在改造过程中，大厅比较完整，原样保护，更换朽蚀的梁柱，修缮补全门窗，一些木雕花饰也原样恢复。沿平江河的义庄房屋山墙濒临坍塌，在内部做了加固，外部留存原来风貌。义庄南部几处平房呈现原来的格局，外观风貌依存，但所有的屋架，梁柱均已朽蚀，已属危房。全部更换了所有构件，为求耐久和牢固，材料用新型钢材代替，增加了空间。在拆除工厂的基地上新设计了一幢新建筑，按照茶室休憩和展示的功能，分隔了建筑的空间。大面积砖砌的窗花是外墙，开敞的露台是屋顶，它们和老房子咬合在一起，作为古建筑群的陪衬。材料、色彩和老房子是相同的，借用了老房子的表象，形成协调。董氏义庄的更新改造设计体现了对历史街区的尊重，既要满足现代的需求，又要注意与历史建筑的协调（图3-69～图3-74）。

图3-69 河道与董氏义庄

图3-70 董氏义庄茶室模型

图3-71　董氏义庄总体平面图

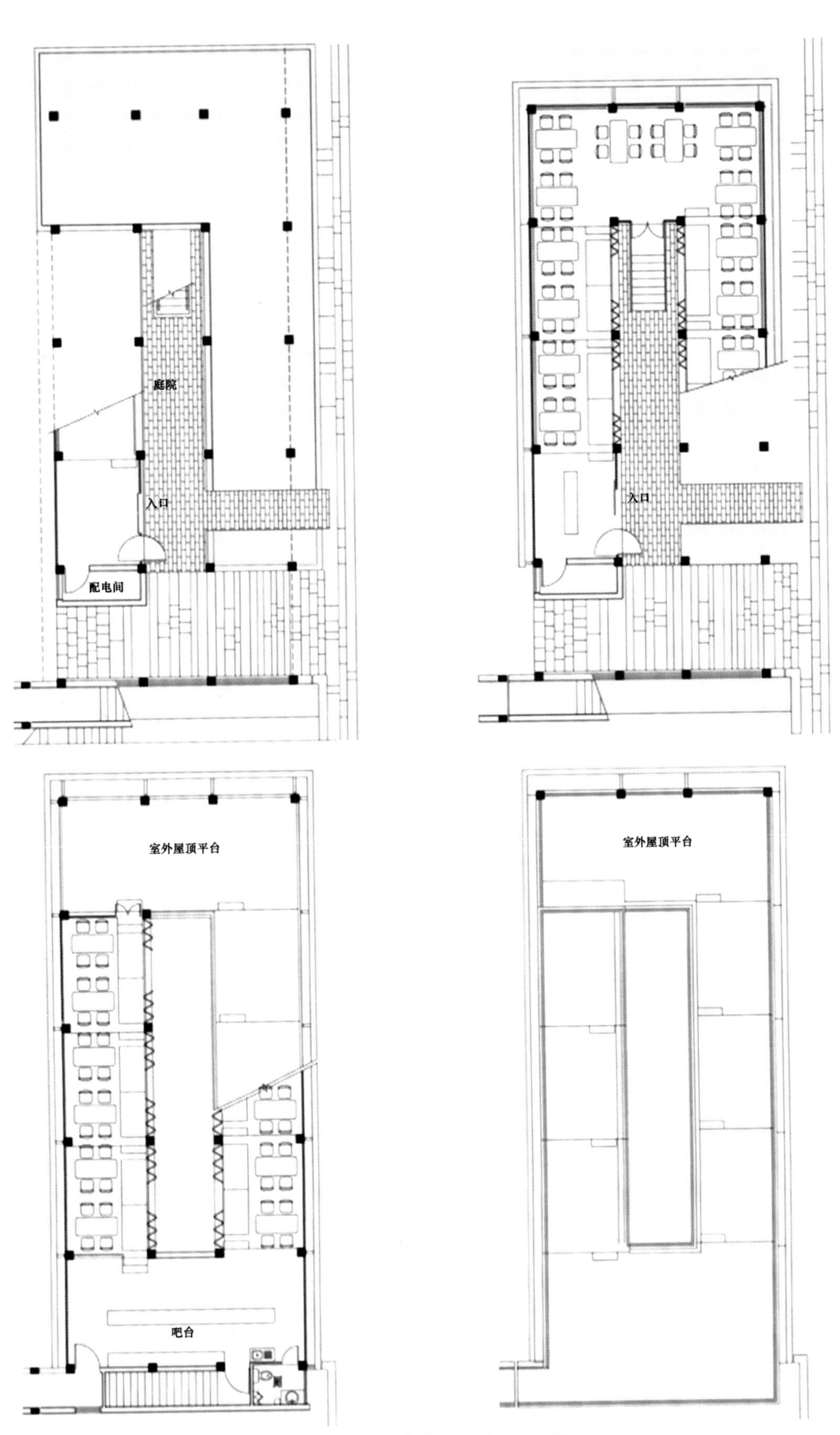

图3-72 董氏义庄茶室平面图

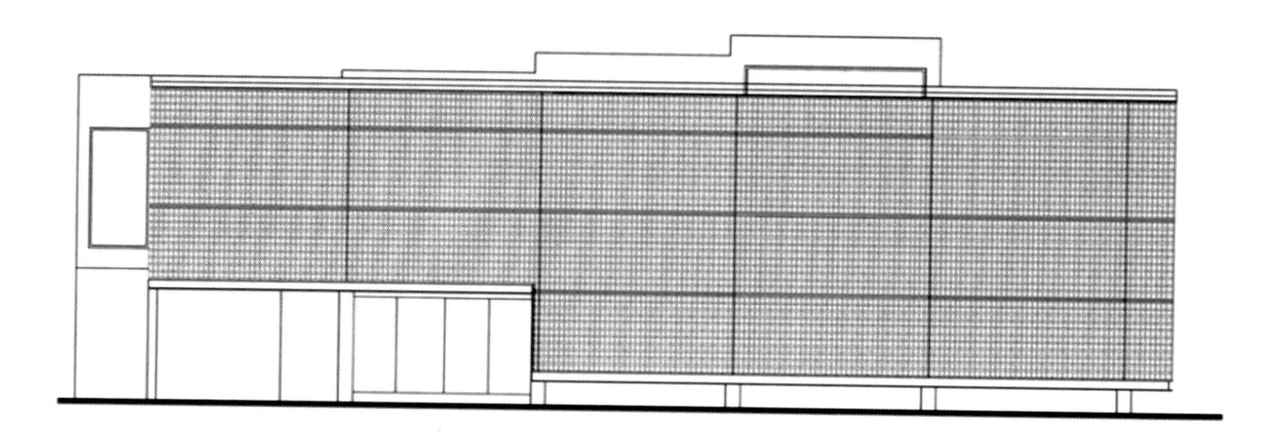

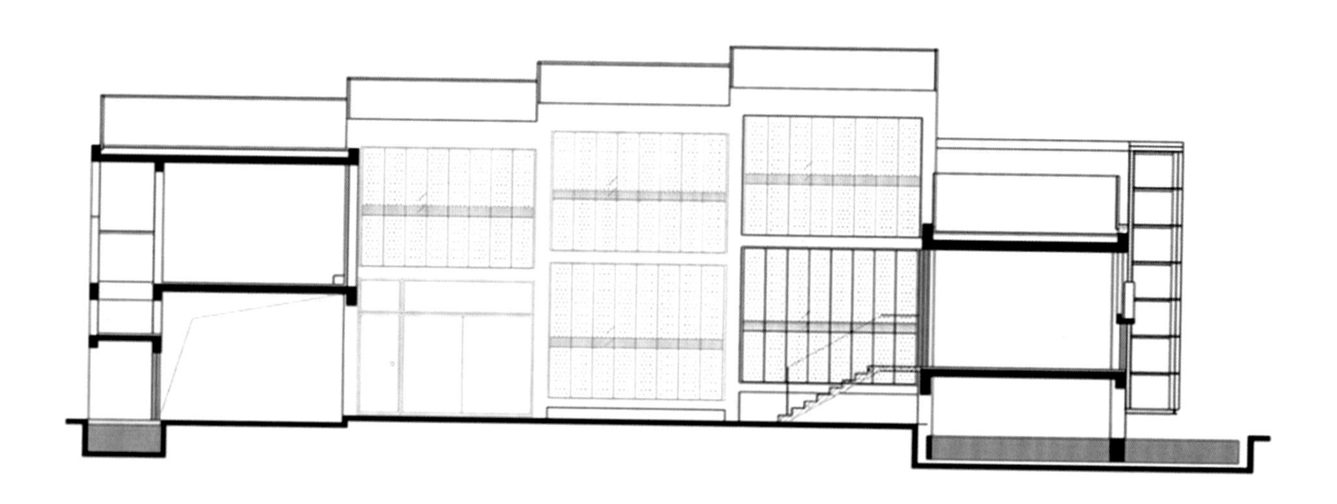

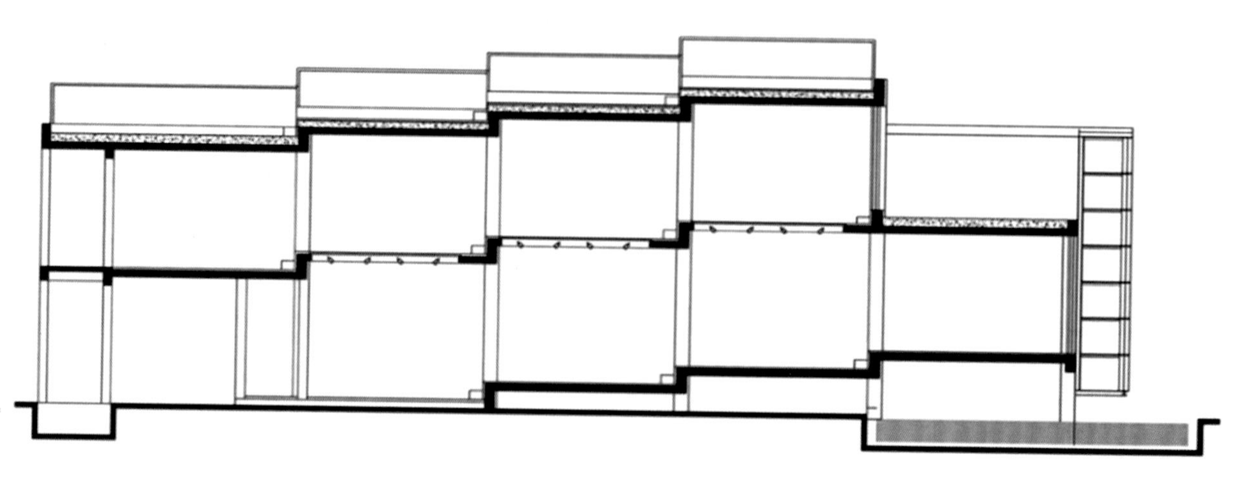

图3-73　董氏义庄茶室立面图

图3-74 董氏义庄茶室细节图

三、知识点

1. 苏州传统建筑

苏州是全国第一批历史文化名城，其历史悠久，建筑遗存众多，历来是人们研究江南建筑的热点区域。而苏州在传统建筑的保护与传承方面也走在全国的前列。在保护方面，政府及学术界都做了大量的工作。在1983年至1984年间，苏州曾经经过大规模的文物普查，基本确认了苏州古城的控保建筑范围。20世纪90年代《苏州市城市总体规划（1996—2010）》实施，苏州正式启动了大量的古建筑保护性修复的过程，尤其是《苏州古建筑保护条例》的颁布及相关措施，大大推进了包括控保建筑在内的苏州古建筑保护进程。

“苏州的建筑技术因其精细、巧夺天工而被各地仿效成为地方性技艺。据史料记载，苏州在南宋绍兴年间刊印了《营造法式》，这对以后苏州的建筑有着深远影响。进入明代，香山、木渎的匠人又参加了营建当时两京的宫殿，如著名的建筑家蒯祥就是香山人。计成的《园冶》、文震亨的《长物志》、李渔的《一家言》、李斗的《工段营造录》以及清末姚承祖的《营造法原》等都对苏州古建筑直接或间接地在设计与建造方面起了推进作用。”[①]

2. 传统建筑改造

关于传统建筑的空间更新改造设计，目前国内外有大量的案例和文献可以参考。目前关于传统建筑的改造设计研究涉及对原始建筑的历史特征、文化价值、空间特征、建筑结构以及周边环境的整体考虑。也只有对原始建筑进行充分的调研才能进行更为合理化的改造。

在改造与再生的设计手法方面，目前已经有很多类似资料可供参考借鉴。但是基本上都会从观念到手法上进行阐述。

首先，在观念上需要处理好新旧关系、文脉关系，这个是最关键的一点。同时，在进行传统旧建筑的改造过程之中需要在延续文脉，保留记忆的前提下满足现代人的需求，从而使得旧建筑因为人的活动的介入而延续生命。

其次，对于保护开发的技术手法，目前业界也有较多的总结，大致可以归纳为功能置换、新旧连接、表皮处理等。这几种手法的运用目前也比较普遍。

①有些建筑由于年代久远，且使用过程中经历了多次的改扩建，存在一定的安全隐患，因此将原有承重结构进行替换。功能置换主要注重内部空间的再生，保留外部视觉形象，更新内部功能。

②新旧连接重点是把握好新旧关系，焦点在于连接部分。

③表皮处理分为室外空间界面的整饬和室内空间界面的覆盖两种情况。外表皮的修整主要是为了获得完整的外部形象。对于内表皮的覆盖处理主要是基于舒适性的考虑，包括材质、色彩的舒适度以及为了保温隔热而进行的覆盖。表皮处理可以根据现有建筑的梳理选择一个适合该建筑的表皮设计进行包裹覆盖，形成不同的层级关系，尤其注意不能流于表面和二维的图案设计，可以采用折叠、延伸等手法将表皮处理三维化。

四、实践程序

（一）第一阶段：传统地域建筑的特色研究

任务一：资料梳理与现场考察

了解江南传统建筑的历史沿革、现状、结构等情况。根据调研名单拟订所要调研的对象，对其进行建筑的分析，包括建筑的周边环境、道路交通情况。这一阶段的分析为设计概念萌发与定位做准备。通过资料调研学会使用网络、影像、手绘等各种手段收集整理资料，培养学生综合运用所学知识的能力。

调研的方法有访谈形式、问卷形式、资料收集整理和实地勘测等，调研手段有文字记录、摄影和影像记录以及速写记录等。在收集整理资料的基础之上，可以适当对建筑的特征进行深入研究，研究的手法可以采用类型研究、比较研究等（图3-75～图3-80）。

① 周云，史建华：《苏州古城控保建筑的保护与利用》，东南大学出版社2010年版，第7页。

苏州张氏义庄博物馆展陈设计

一、前期调研

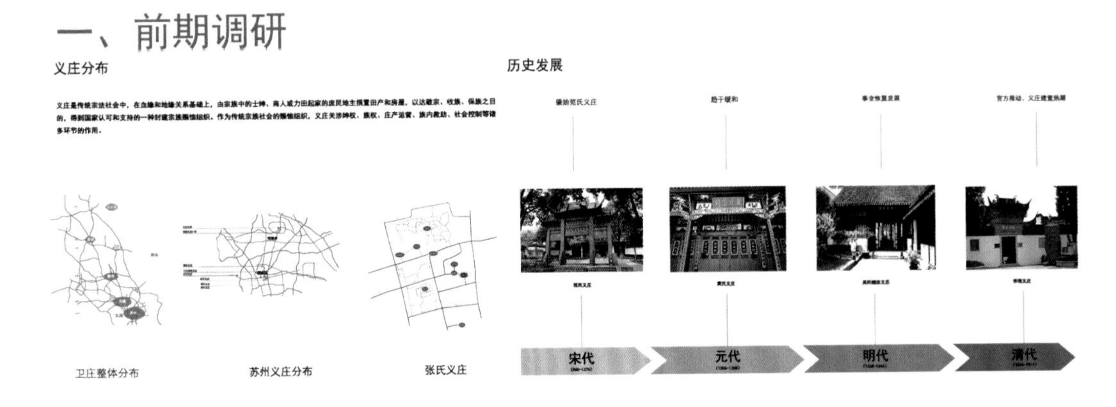

二、建筑分析

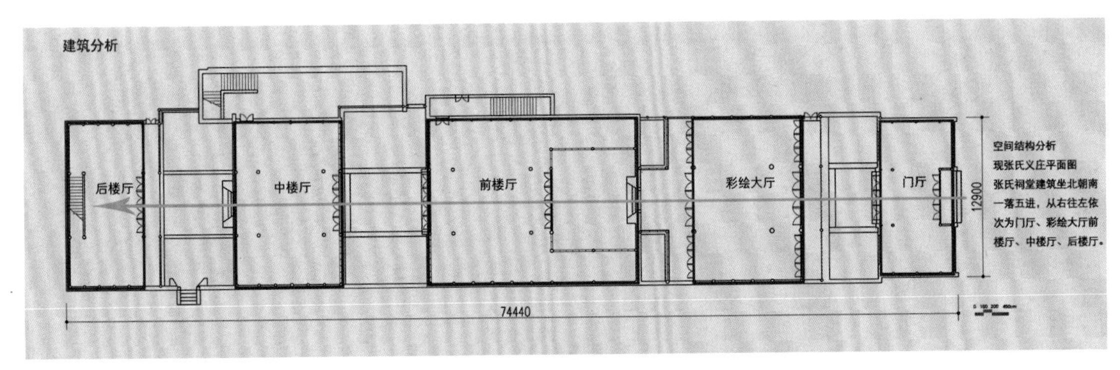

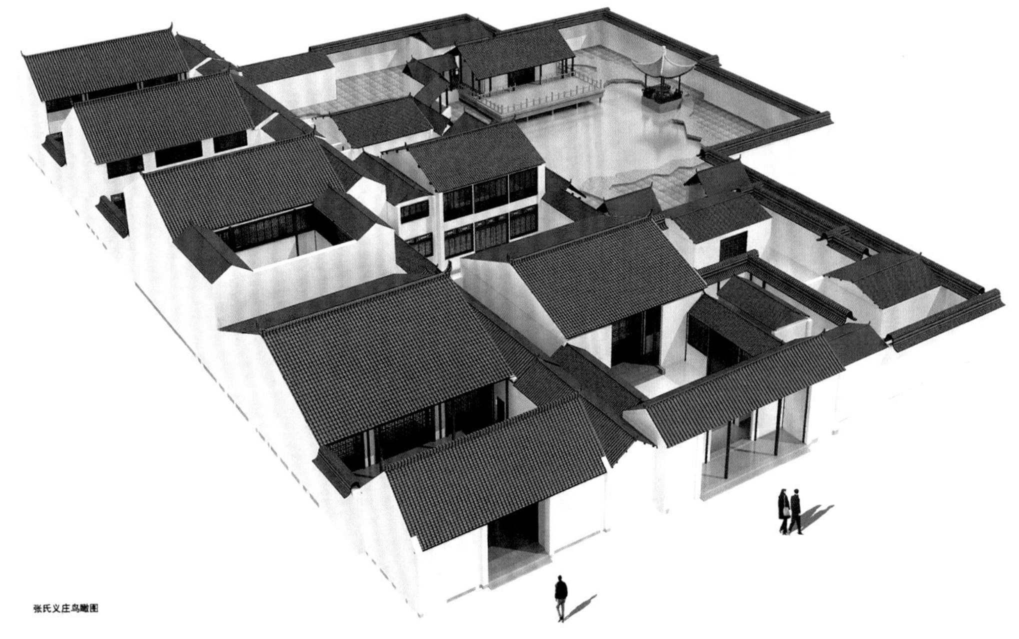

图3-75　苏州张氏义庄的调研与改造（一）

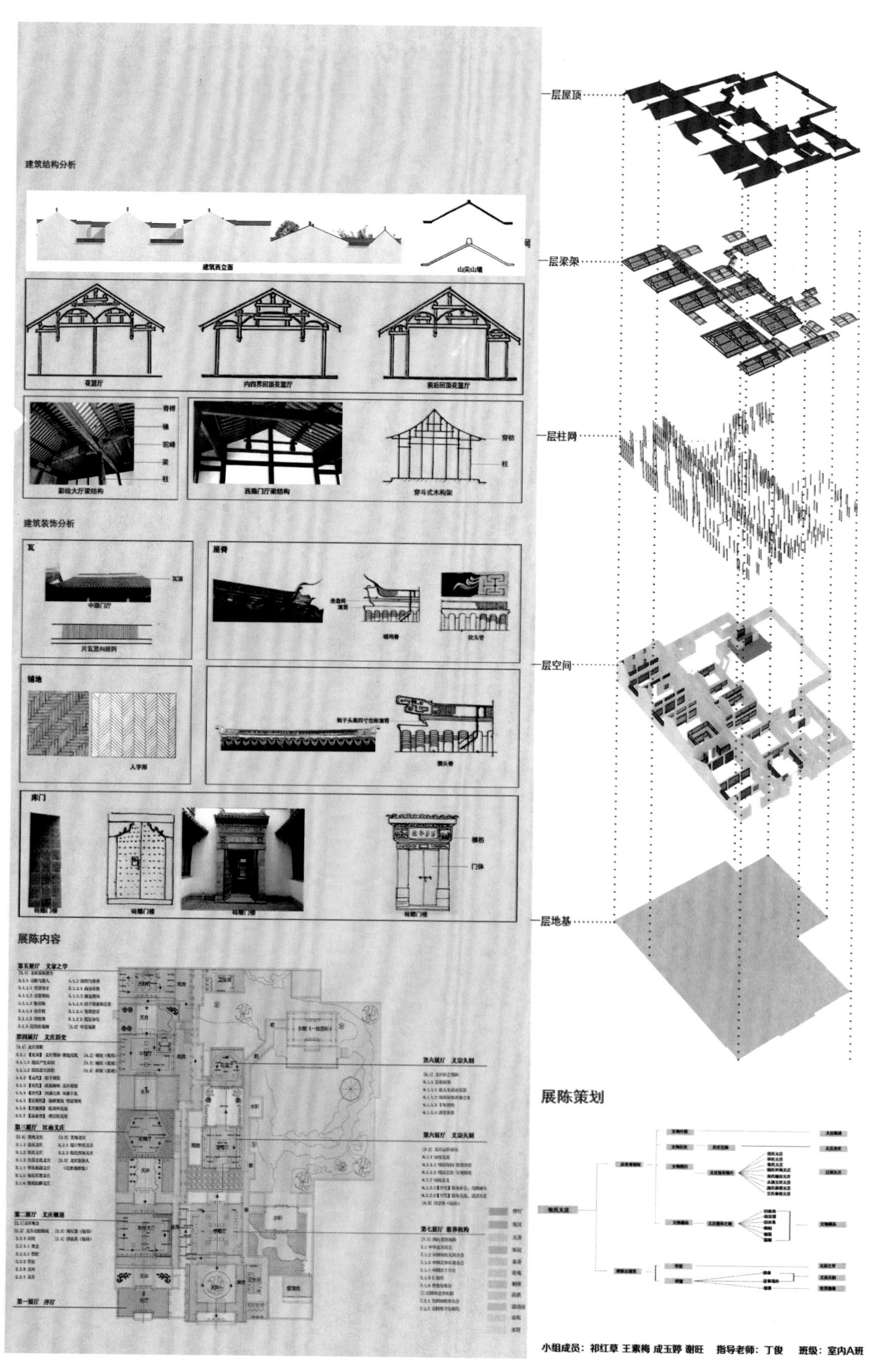

图3-76 苏州张氏义庄的调研与改造（二）

苏州张氏义庄博物馆展陈设计

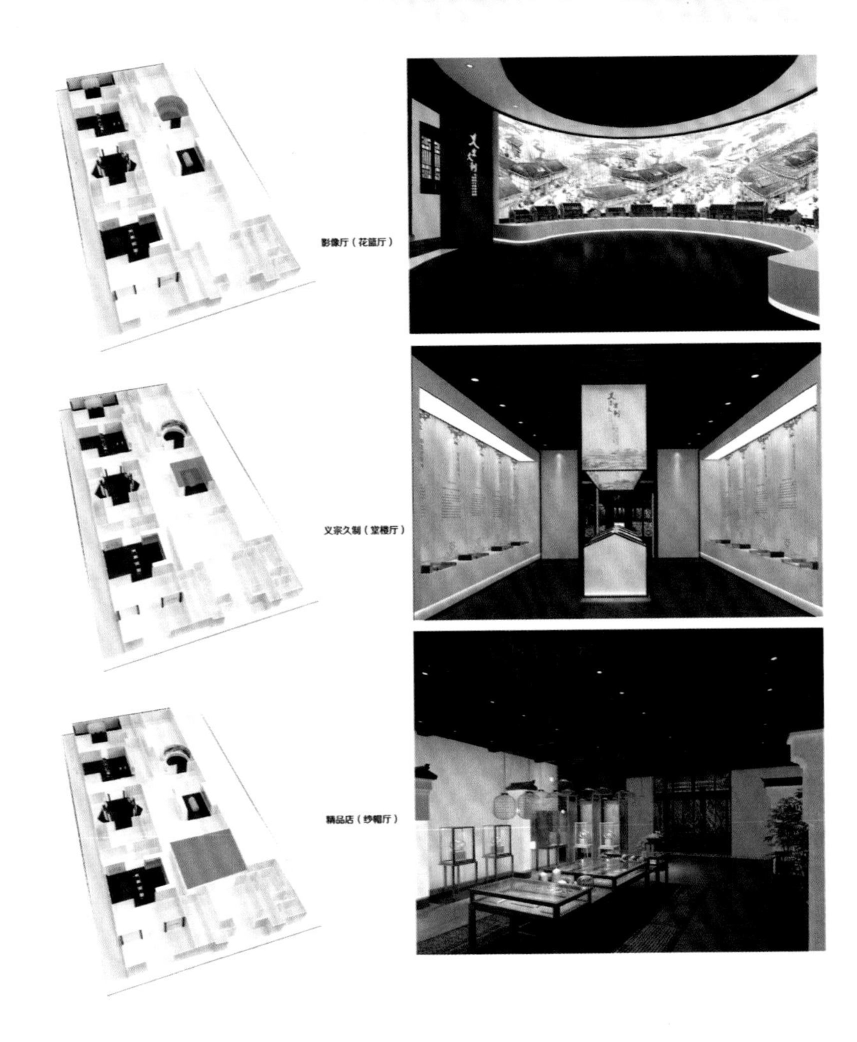

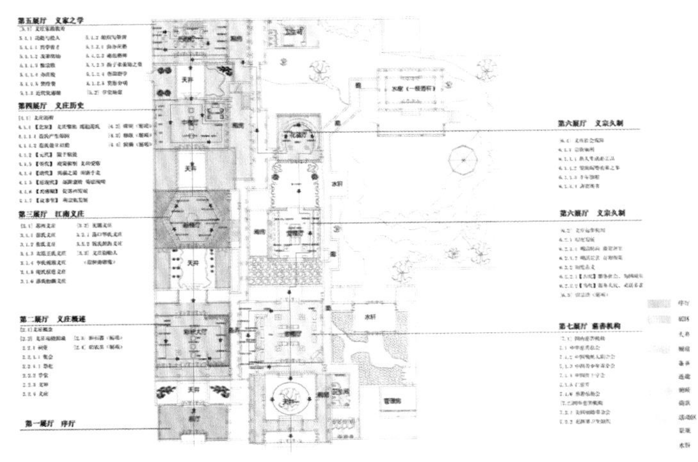

图3-77 苏州张氏义庄的调研与改造（三）

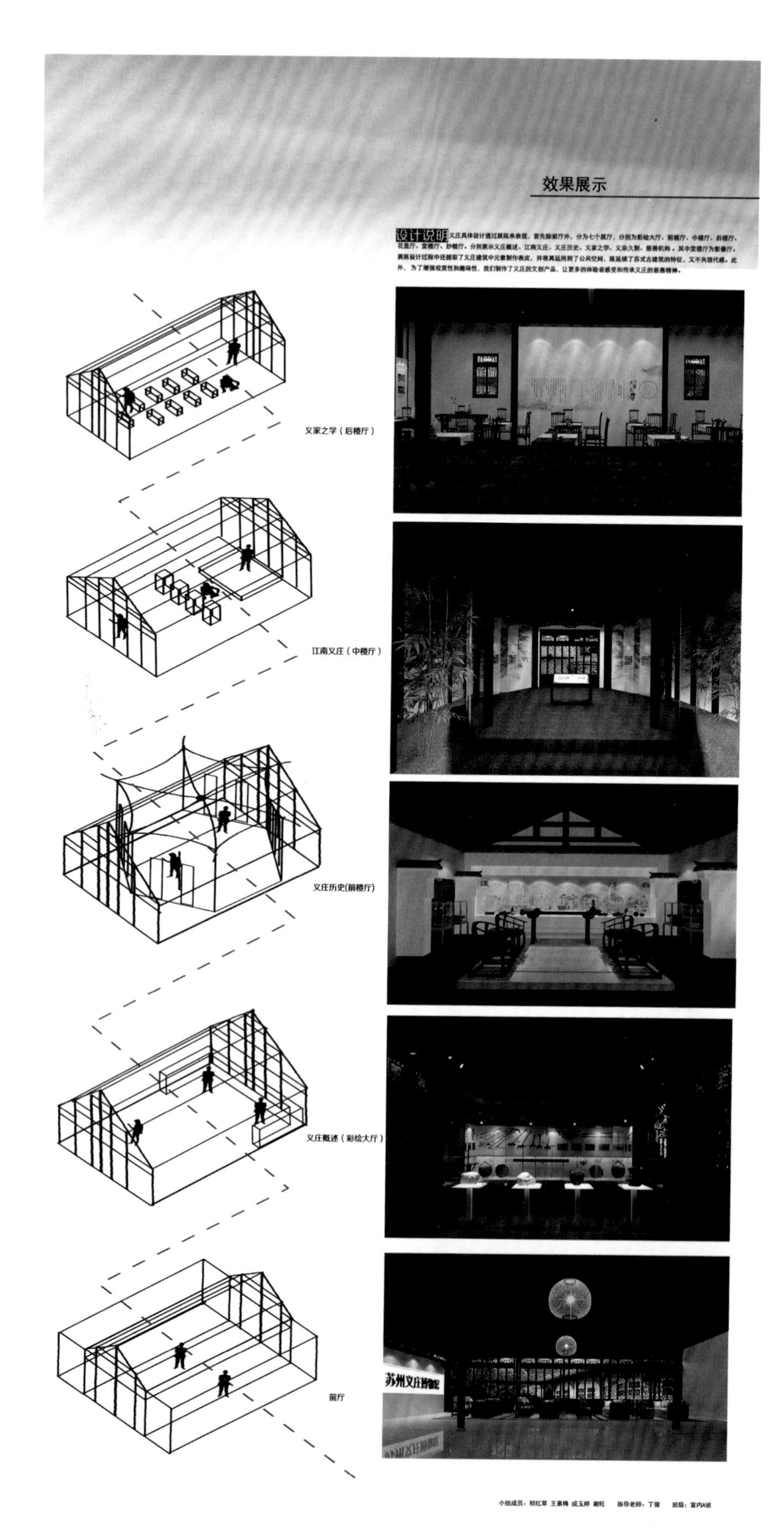

图3-78　苏州张氏义庄的调研与改造（四）

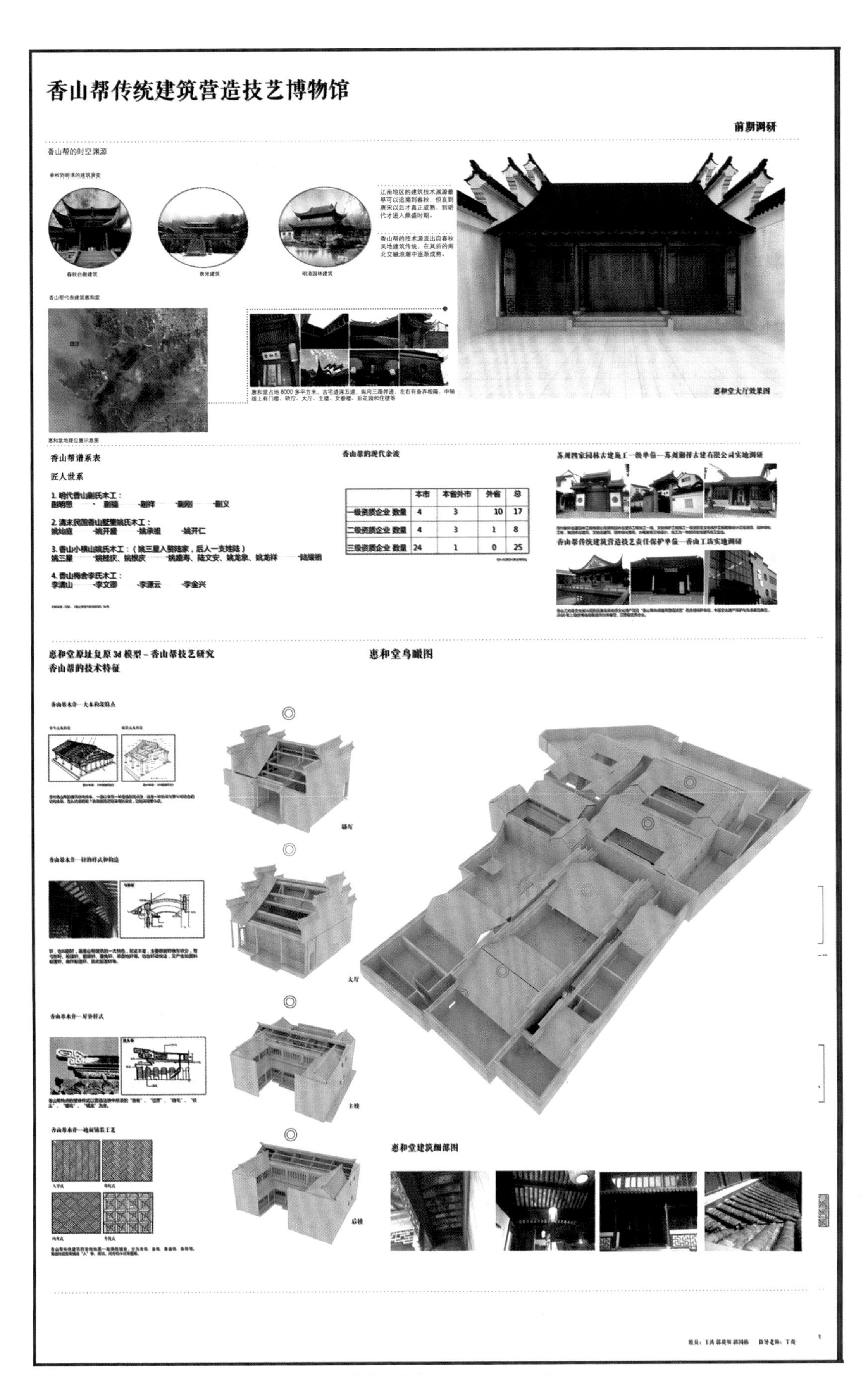

	本市	本省外市	外省	总
一级资质企业 数量	4	3	10	17
二级资质企业 数量	4	3	1	8
三级资质企业 数量	24	1	0	25

图3-79　苏州王鳌故居的调研与改造（一）

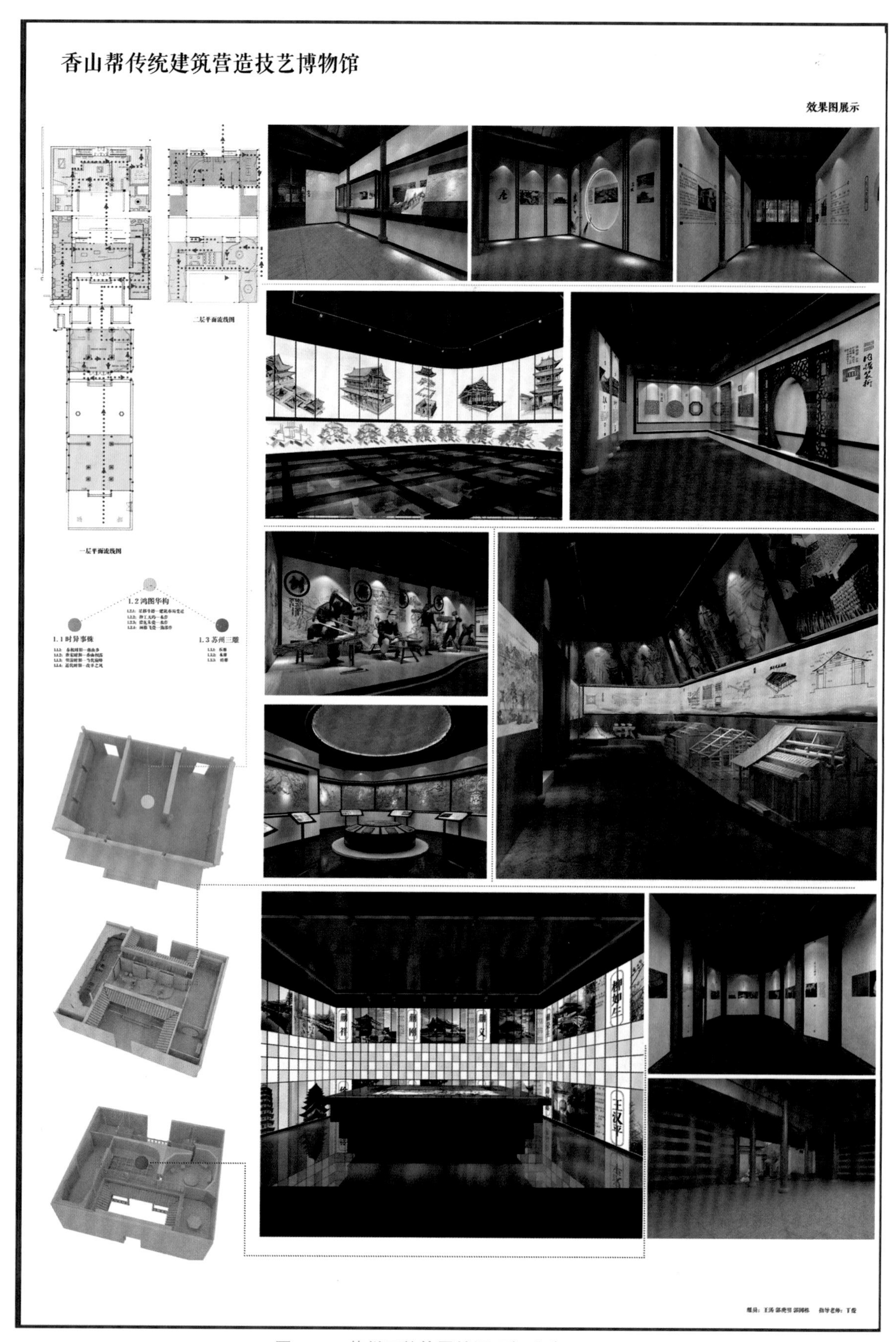

图3-80　苏州王鳌故居的调研与改造（二）

任务二：传统建筑特色分析

针对江南建筑进行分析，主要从建筑木构（大木构架、装拆元素）、建筑装饰（木雕、石雕、砖雕、铺地、泥塑）等方面进行分析。这一阶段主要是对上一个阶段的细化和图像化处理，运用设计的知识，将文本资料和原始的图片资料进行处理形成图解分析。

（二）第二阶段：传统地域元素再生的表皮策略

任务一：形态设计

从设计现场调研的资料中寻找表皮设计的灵感，比如现场的肌理、形态、材料、遗存等都可以作为形态设计的源泉。这个形态既可以唤起对于原有场地的记忆，同时又可以在功能上形成新的用途，并且符合时代的美感。在进行形态推演的过程中，需要遵循严格的形态推演的逻辑，让每一个步骤都有章法可以作为依据，不能只是天马行空地进行所谓的创意迸发。（具体关于形态推演的手法也可以参见笔者发表在《装饰》杂志2017年第二期的一篇小论文《形式的转译——苏州园林传统花格元素在室内设计课程中的转换与运用》，文章具体探讨了如何从苏州花格窗的形态中进行推演和转换形成适合具体空间的表皮设计。）

任务二：原型设计

这个阶段主要是对上一个阶段的形态探索进行原型的设计制作。上一个阶段主要考虑的是形态的问题，即使有制作模型也只是虚拟材料或者结构、尺度是有欠缺的，因而对于实施设计是缺乏考虑的。因此通过原型的制作可以解决这些问题，如果按照比例缩放的、真实材料制作的原型是可以经过测试的，那么基本可以证明其实施的可能性（图3-81～图3-83）。

（三）第三阶段：传统地域文化的交流与传播

任务一：文博展陈设计

将前期调研的所有资料进行归纳整理，梳理一个大致的展陈脉络大纲。展陈大纲的撰写也可以放在前期阶段，即文本梳理之后。可以分析和借鉴相关的案例，按照一定的展陈逻辑进行信息的梳理。展陈策划文案是后续展陈的基础。以此为基础，将文本逻辑的文字填充在空间之中，规划合理的参观路径，做到合理利用每一个空间，并且避免回头路线和交叉流线，一般尽量采用单向流线进行参观动线的布置。随后进行展陈面的设计。展陈面的设计不能只是将其当作简单的二维版面设计，可以运用多种元素，如文物、多媒体、半景画、互动体验装置等丰富信息传达的层次和增强参观的体验感。（具体的展陈设计方法也可以参考笔者撰写的两本相关书籍：2016年由西安交通大学出版社出版的《主题博物馆的展陈设计》和2014年由中国水利水电出版社出版的《展示策划与设计》。）

任务二：文创产品设计及文旅设计

综合考虑整个方案的设计，将设计的外延进行扩大，考虑为其设计文创产品和文化旅游（图3-84）。基于大设计的概念，对整个项目进行整体考虑，从而串通不同的知识体系和背景。如果对于室内设计专业而言无法解决，也可以寻求其他专业领域的人员进行合作开发，从而保障设计的系统性和完整性。

图3-81　展览现场的图版与模型1

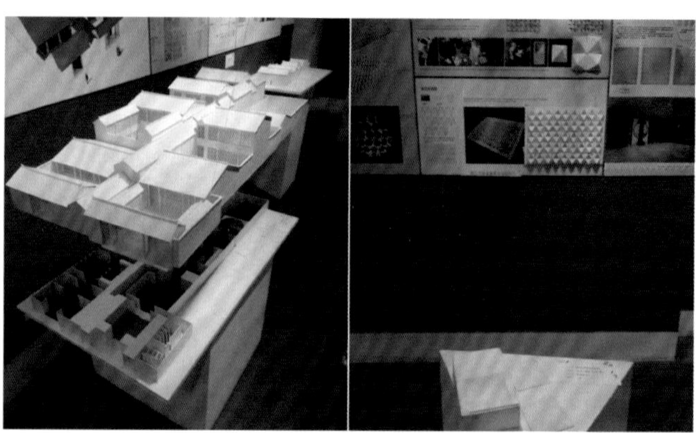
图3-82　展览现场的图版与模型2

图3-83　展览现场的图版与模型3

图3-84　展览现场的部分文创产品设计

进阶练习

1. 机构空间室内设计。

选择一个机构空间，对其进行现场测绘，绘制原始尺寸图纸。然后根据所在城市传统图案推演出一个表皮形态，并将其运用到该空间中。具体完成以下两个阶段任务。

（1）案例分析——数字建造的表皮设计。完成不少于两个案例的具体分析，制作成PPT的形式，反映以下基本信息：项目名称、项目地点、建造时间、设计师、基本尺度、所用材质、设计说明、建造方式、建造效果、图示分析等。需要掌握科学合理的资料调研方法，为了更全面和准确地反映该案例的分析，对于同一个案例分析的调研不少于3个文献出处。可以倾向于一个偏向于表皮的案例，不用过多考虑结构问题。

（2）机构空间的室内设计。解决机构空间的基本功能，调研机构空间的文化内涵，理清其空间需求。

最后汇报提案包含：测绘图版、形态推演图版、形态推演过程模型、案例分析图版和模型、门厅设计图版、门厅设计模型、项目报告书。

2. 主题博物馆展陈设计。

选择当地一个主题类博物馆，对其进行改造设计。根据原始资料进行前期展陈策划，然后通过空间、视觉、场景等语言进行展陈设计。具体任务如下：

（1）展陈策划。结合主题博物馆的主题和现状，研究其展陈内容，并按照一定的展陈逻辑罗列一个展陈大纲，具体细化到三级标题。

（2）空间规划和展面设计。合理布局，风格统一（统一中有变化），注重色彩的整体变化。人流路线设计清晰，符合客观需求，做到不漏看、不重复。

（3）深化设计。注重空间节点的细化设计，结合多种展陈方式，如静态的版面、场景和动态的多媒体以及互动参与的展项设计。注重光线的烘托效果，同时配合不同的照明灯具。

最后汇报提案包含：A3设计报告书，设计项目工作进度计划，设计小组任务分工示意图，方案设计过程草图与效果图表达，施工图纸一套，建筑改造模型和内部展陈模型。

第四章
室内设计师职业素养

设计女神——
Barbara Barry

室内设计入门
技巧

室内设计师基于教育、经验以及认证考试而获得资格，以提升室内空间的功能与品质。基于提升生活品质、提高效率、保护公众的健康、安全、福祉的目的，室内设计师需要做到多重方面。

——Christine M.Piotrowski.Becoming An Interior Designer.Hoboken：John Wiely&Sons.

进阶目标

1. 了解室内设计师的职业素养；
2. 熟悉室内设计公司的组织架构与设计的流程。

室内设计是一个新兴的行业。室内设计师是专业性的职业，他们需要将大量的专业培训和创意能力整合，与客户合作为空间使用者寻找安全的、功能良好的、引人入胜的解决问题的方案。

要想成为一名合格的室内设计师，必须在专业知识、工作经验和相关资格认证方面做出努力。北美地区的室内设计，职业化程度较高，对其进行分析可以发现许多值得借鉴的地方。

※ 第一节　室内设计师的个人职业素养

一、专业教育——室内设计与室内建筑教育

目前国内的室内设计专业主要招收有艺术类背景的学生，学生需要在高考前通过艺术类的考试，取得专业合格证才能报考有意向的院校。这种教学模式对于学生的美术绘画能力要求较高，并且学生在入学后，通常都在一年级继续学习相关的美术训练课程。有些建筑类院校在专业设置中开设了室内设计方向，低年级的课程着重建筑学的基本训练，只有在高年级才分出室内设计的方向，并且也并不将室内设计当作一个专业来对待。而有些建筑类院校则倾向于将“室内设计”更改为“室内建筑”。室内设计教育发展到今天已经基本形成专业的艺术类院校、综合大学的艺术或设计学院、建筑院校的室内设计方向等多种形式。

室内设计教育在中国出现和发展得并不晚，“1957年中央工艺美院正式组建室内装饰系，下设室内设计和家具设计两个专业，室内装饰系的成立，标志着我国室内设计专业教育体系的初步形成”[①]。而1958年，为庆祝中华人民共和国成立十周年修建的十大建筑更从实践的角度为中国室内设计专业的确立和发展奠定了基础。改革开放以来，随着西方现代设计思想的广泛传播，室内设计的概念开始被更多的人接受。

西方出现室内设计是在20世纪。其中，最早完成室内设计职业化的美国在20世纪上半叶开始从组织、教育和行业方面出现室内装饰，如1931年成立美国装饰师学会，1904年纽约工艺与应用美术学校开设室内装饰课程，1924年成立纽约室内装饰学校，20世纪20年代出现第一批以女性为主的室内装饰师。室内装饰逐渐在美国成为一个独立的职业，并且经历了一个现代化和专业化的过程，如“1931年成立的美国室内装饰学会在20世纪70年代更名为室内设计师社团，1937年创刊的‘室内设计与装饰’杂志在20世纪50年代更名为‘室内设计’……至20世纪70年代美国大多数学院都开办了室内设计课程。[②]”

然而室内设计在中国的发展并没有像在西方那样建立起一套科学合理的体系。室内设计在中国往往表现为简单的装饰装修和风格选型。改革开放以来，尤其是90年代末期以来室内设计在中国经历了非常繁荣的阶段，大量项目时间紧、任务重，市场不成熟，许多项目并没有足够时间进行深思熟虑甚至研究，设计公司的方案设计操作模式往往就是依赖于其强大的设计图库进行图像拼接，然后根据需要嫁接一个设计概念。

室内设计需要树立解决问题、有依据地进行设计、理性逻辑的基本理念。而只有从设计流程和设计方法方面进行研究才能避免室内设计流于简单的表面化和装修化。对于设计方法和设计流程的研究是设计品质的基本保证，这也正是目前很多设计公司和设计学院都在思考的问题。作为设计学院，教学中的室内设计项目，时间充裕、“甲方”自定，属于理想的设计环境，有利于这方面的思考。

美国教育部科学教育研究所（IES）对室内设计的定义：它是一个应用性的视觉艺术的教学课程，使个人将艺术法则和技术知识运用到住宅和商业室内空间的专业的规划、设计、设备和陈设中。它包含的课程有制图与绘图技术；室内照明、音响、系统集成、色彩搭配、家具与陈设原理；室内设计史以及时代风格；结构设计基础；建筑规范和检验规范；办公室、酒店、工厂、饭店以及住宅设计应用。

① 杨冬江：《中国近现代室内设计史》，中国水利水电出版社2007年版，第187页。

② 左琰：《西方百年室内设计》，中国建筑工业出版社2010年版，第144页。

IES对室内建筑的定义是：一种指导性课程，得以让个人应对室内建筑的独立职业实践——作为建筑系统不可或缺的组成部分，指生活、工作以及休闲室内环境的设计过程与技术。它包括建筑设计和结构系统、供热和制冷系统、安全和卫生标准、室内设计准则与规范。

室内建筑教育包含对历史建筑的研究以及设计风格、建筑法规、安全条例、保护修复旧建筑、原始设计的图纸绘制、建筑物理及虚拟模型等。室内建筑的领域与室内设计和装饰有许多一样的地方。然而它通常关注建筑和建造。这两个领域的学生都要学习如何设计舒适的、安全的以及有用的室内空间。室内建筑的学生不仅仅学习艺术问题，如在一个开放的阁楼公寓中选择哪种风格的家具，也研究一些技术性的因素，包括抗震、加固。

室内建筑是建筑学、建筑环境设计学和建筑保护学的交叉学科。室内建筑课程通过创新和持续的方法内在地解决已有建筑结构的再利用和功能转换的解决等设计问题。

美国国家教育统计中心这样定义室内建筑的学位课程：它是让个人具备以建筑法则设计居住、娱乐、商业功能的结构内部的课程，并让其成为专业的室内建筑师。学习内容包括建筑指导、职业与安全标准、结构系统、冷热系统设计、室内设计、特定的终端运用、职业责任和标准。

二、室内设计教育评估

国内的室内设计教育经过多年的发展，已经积累了较为丰富的经验和基础，但是在学院教育和行业衔接上还是存在一定的问题，如对于材料、结构、工艺的忽视就是一个普遍的现象。目前我国室内设计教育的情况是每个学校根据自身情况进行教学的实施，行业协会缺乏约束力。

美国是世界上最早进行室内设计职业化的国家，对其进行研究可以为我们提供一些参考。整个北美地区的室内设计教育标准由室内设计评估委员会（CIDA）制定（图4-1、图4-2）。这些标准清晰地界定了学生们学习哪些知识才能成为一名职业的室内设计师。满足室内设计评估委员会标准的室内设计课程才被认为是可信赖的，并且可以提供高品质的室内设计教育。而室内设计评估委员会的认证名单也成为学生选择学校的重要依据。学生们不仅要考虑适合自己的学校课程，同时更要考虑可以颁授学位的学校课程。在北美地区，文凭及专科类课程将逐步被淘汰，而学位课程教育将成为最低标准。自2017年1月开始，被室内设计评估委员会认证的四年制学士课程教育成为最低标准。

图4-1 美国得克萨斯州立大学奥斯汀分校建筑学院为CIDA评估作的展览

图4-2 美国得克萨斯州立大学奥斯汀分校建筑学院为CIDA评估作的汇报册

※ 第二节　工作经验与认证

一、工作经验

在工作经验方面，室内设计专业的毕业生可能在学校期间就已经开始着手进行工作准备了，尤其是利用寒暑假或者最后一年的时间进行公司实习。另外，目前国内的大部分院校都积极推进校企合作项目，尤其是一些具有研发需求的企业也乐于与学院进行合作，这样不仅能够扩大企业的知名度，为企业储备人才，同时也可能为企业提供一些原创性的设计提案。在一些实践类院校，这种趋势更加明显，学生在上学期间即可接触设计实践机会，再通过最后一年的设计强化，在毕业的时候基本可以胜任动手操作类的一些岗位。

二、资格认证

国内目前比较常见的室内设计资格认证是由中国建筑装饰协会颁发的室内设计资格认证。室内设计职业资格证书，是目前国内从事室内、建筑、园林、展示设计及相关专业工作人员报考的资格证书，分为高级、中级、助理三个考试等级，分别颁发高级室内装饰设计师（国家一级职业资格）、中级室内装饰设计师（国家二级职业资格）、助理室内装饰设计师（国家三级职业资格）资格证书。室内设计师的等级设有资深高级室内设计师、高级室内设计师、室内设计师、助理室内设计师。每个不同的级别认证需要对应不同的条件，具体可以参考其官方文件。

美国的室内设计职业化程度较高，对室内设计的从业资格相对国内要更加严格，在获得了室内设计的教育经历和一定的实习经历之后，室内设计从业人员还需要参加考试。室内设计资格委员会是北美地区获得认可的考试机构。尽管室内设计师需要掌握多个领域的知识，如会计学、人力资源、美学等知识，但是国家室内设计资格委员会的考试只考查关于健康和安全方面的知识。

三、其他能力

室内设计服务于人类需求，是一种有影响力的、多方面的、可以积极改变人类生活的职业。同许多职业一样，室内设计师的收入水平取决于他们满足客户需求的能力，所以他们必须理解项目的艺术和技术需求，掌握人际沟通和经营策略。

在艺术和技术需求方面，室内设计师应知道如何规划空间并进行方案的视觉表达，从而有效地与客户进行沟通。室内设计师必须清楚创造空间和布置家居的材料和产品，理解如何将材质、颜色、灯光以及其他一些要素有机整合以创造良好空间。另外，室内设计师还必须理解空间结构需求、安全法则、房屋法规以及许多其他的技术性要求。

在人际沟通方面，室内设计师必须善于和各种不同的人打交道。他们须清楚、有效地与人沟通交流，并且善于做一个倾听者。因为他们会经常与建筑师、承包商以及其他一些服务商打交道，室内设计师既是一个团队领导者，也是一个团队合作者。在必要的时候他们须乐意协商、作出妥协以解决问题。

在经营策略方面，室内设计师必须具有良好的时间把控能力和项目管理能力，因为他们经常需要在有限时间内同时操作几个项目。室内设计师必须懂得商业营销，知道如何向客户推销自己的设计方案，做出信息量大的、具有说服力的提案和陈述，并且还要学会如何维持良好的客户关系。

※ 第三节　室内设计公司组织架构

公司运作最大的一个特征就是需要整体协调，全面合作。为了完善运行机制，达到高效的操作，公司需要进行人力资源的整合。许多室内设计公司在公司运作方面，采取了设计总监负责制。设计总监将对工程的一体化全程跟踪，从前期的项目可行性分析阶段、概念方案策划到方案设计、方案设计深化、工程施工执行以及到最后的客户回访阶段，都要全程把握，整体协调。这样操作的好处是各个阶段的交接会比较顺畅，并且对于最后的设计结果可以进行有效的把握与操控。

一、组织架构

目前业内公司由于规模和侧重点不一样，组织架构配置比较多元化。如果是设计施工一体化的企业，其组织架构大致上可以分为三大部分：方案创意团队、客户服务团队、项目实施团队。如果是专注于设计服务的公司，则对设计部门的配置比较细致，一般会划分为方案设计、设计表现、软装设计、灯光结构等设计团队。以金螳螂建筑装饰股份有限公司为例，该公司属于规模较大的设计和施工企业，目前已经发展成为包含室内设计与施工、家具设计与制作、景观设计与施工、智能安防、结构幕墙等多个领域的集团企业。公司按照设计院的模式发展为包含多个领域的设计院，同时分布全国的分公司适合当地开展业务。而在建筑装饰设计总公司和子公司（美瑞德建筑装饰有限公司）将设计团队划分为不同的设计院，设计院下面则划分为以设计总监领衔的设计工作室和设计事务所，总体的组织架构如图4-3所示。

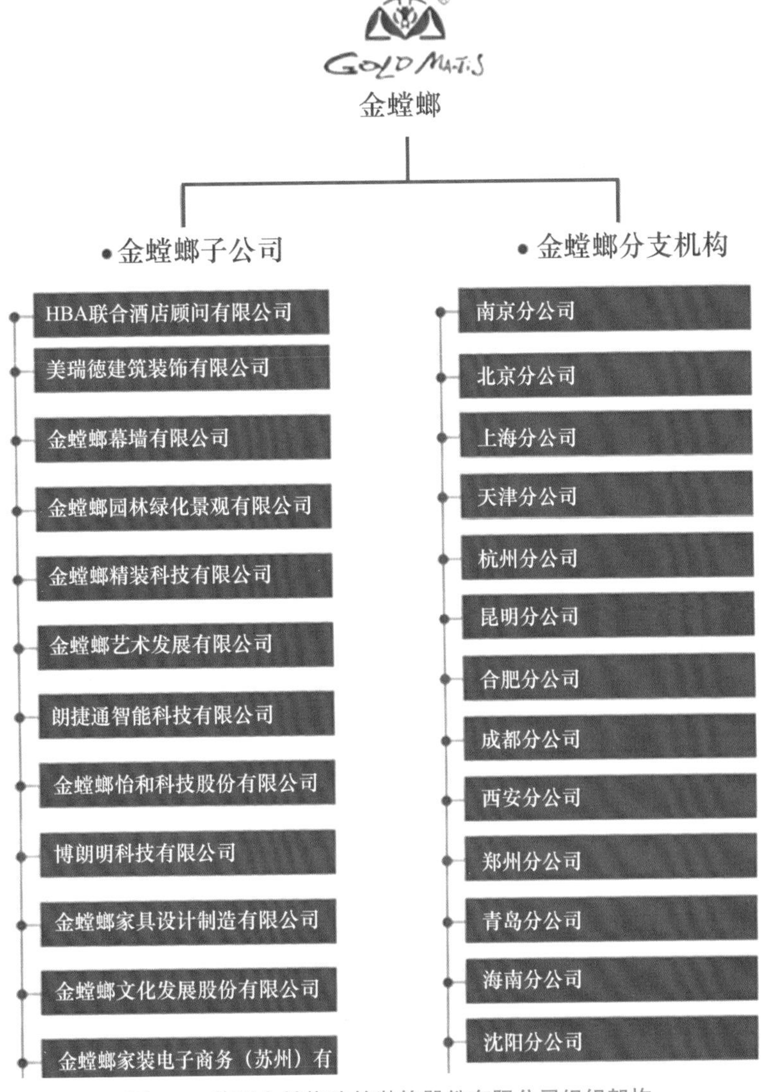

图4-3 苏州金螳螂建筑装饰股份有限公司组织架构

一些大型企业集团由于业务涉及面比较广泛，一般还需要安排专门的内勤和行政部门进行管理和服务，如人力资源部、财务部、总务办公等。另外，还需要设置专门的法务部门负责解决劳务纠纷、业务纠纷等事务（图4-4）。

因此，可以将大型设计院模式归纳为董事会领导的经理负责制，当然也有一些公司采用的是以设计院院长作为负责人的制度，如杭州国美建筑设计研究院（图4-5）。其中，行政部门负责内勤和管理；商务部门负责项目公关和项目对接；设计部门负责完成设计任务，创造产值；施工部门负责项目具体实施和创造产值。这几个要素有机统一，缺一不可。目前由于市场经济的不完善，商务部门的重要性日益突出，其在整个公司运营中处于生命线的地位。有的项目从开始到结束都需要商务人员的跟进。

小型的以设计为主的公司，其人员架构基本上可以设置为：设计总监、主案设计师、空间设计师、施工图设计师、效果图设计师、平面设计师、软装设计师等。

对于强调设计的公司而言，方案部可以说是最能体现一个展示设计服务公司核心战斗力的部门。一个设计的竞争力的大小在很大程度上取决于设计水平的高低。如在方案招投标过程中，在其他条件都相对公平的情况下，竞争力主要在于哪家公司的创意策展理念与设计效果好。公司无论大小，方案部往往在人员和硬件配备方面获得最为优先支持。尤其在一些小型公司，更加强调设计创意能力，不太强调大型公司的标准化模式。如金螳螂通过50/80管理系统，从设计创意到后期实施都实行比较规范的标准化管理，减少成本损耗，有效控制设计进度和质量。然而小型公司则拥有灵活多变的优势，尤其是在创意理念上，小型公司内部管理约束较少，更能做出具有创意的作品，如杭州典尚建筑装饰设计有限公司就是很好的例子。

施工部门主要面向方案实施。在国内知识产权意识较为薄弱，设计附加值还并未被大家广泛认识的情况下，设计方案的产值一般较低，因此，诸多设计公司实际上是将施工并做的。而项目施工的把控与施工效果的好坏直接影响到设计的效果，关系到设计公司的水平衡量与形象，因此施工部门也相当重要。施工部在人员配置上可以分为项目经理、现场深化设计师、资料管理员等。

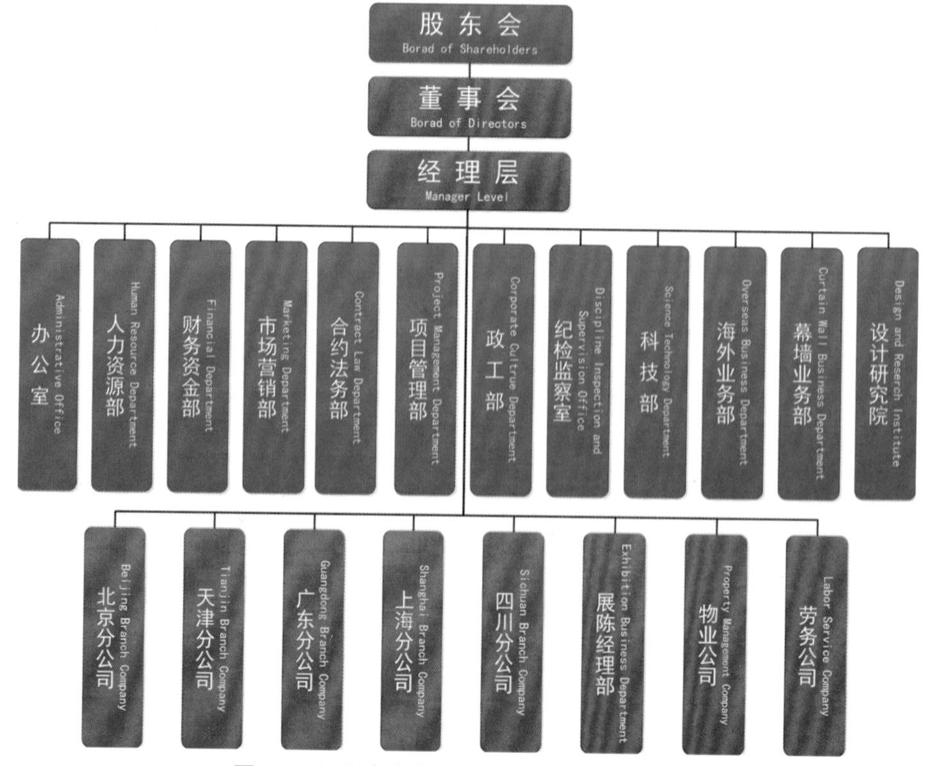

图4-4　深圳海外装饰工程有限公司组织架构

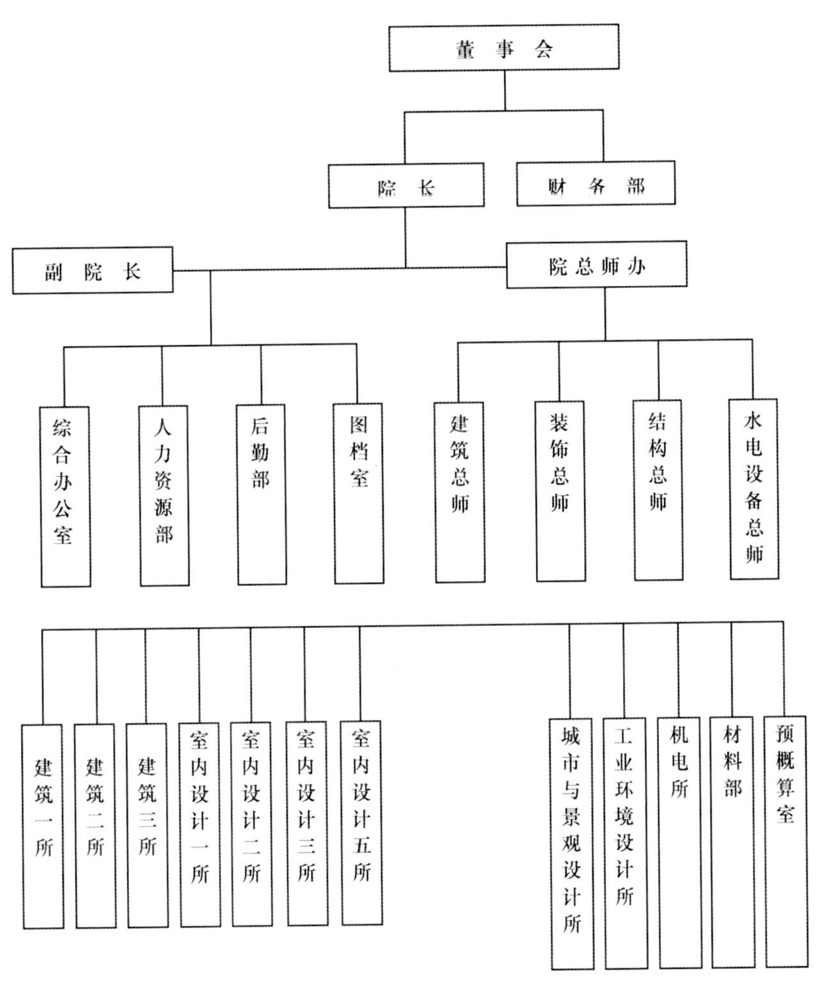

图4-5 杭州国美建筑设计研究院组织架构

财务部门主要负责公司员工的薪资发放及财务报表、核算、税收等工作。若公司规模较大可以雇用全职财务，公司规模小则可以将财务部与行政部融合，并聘请兼职财务，灵活搭配。

行政部门是整个公司的心脏，虽然并不参与具体设计任务，但是在把握公司的发展方向方面，具有十分重要的地位。其具体工作包括公司的业绩考核、年终分配、公司员工福利、外界沟通等。

二、国内代表性室内设计公司（表4-1）

表4-1 国内代表性室内设计公司

序号	公司名称	联系方式	公司简介	代表作品
1	现代建筑装饰环境设计研究院公司	地址：上海市石门二路258号 电话：021-52524567 E-mail：xiandai@xd-ad.com.cn	全资子公司华东建筑设计研究院公司旗下拥有华东建筑设计研究总院、现代都市建筑设计院、上海建筑设计研究院公司、现代工程建设咨询公司、上海市水利工程设计研究院公司、现代建筑装饰环境设计研究院公司、美国威尔逊室内设计公司等10余家分子公司和专业机构。连续10多年被美国《工程新闻纪录》(ENR)列入“全球工程设计公司150强”，在2014年发布的ENR排名中，集团位列“全球工程设计公司150强”的第58位	灵山圣境—梵宫、上海光大银行大厦、浦东图书馆（新馆）、青岛大剧院、上海铁路南站、上海虹桥机场公务机基地、苏州科技文化艺术中心、上海东方艺术中心

续表

序号	公司名称	联系方式	公司简介	代表作品
2	杭州国美建筑设计研究院	地址：浙江省杭州市滨江区秋溢路228号三花江虹国际创意园1号楼 电话：86-0571-56038399 传真：86-0571-56035398 E-mail：gm@gmaid.cn	杭州国美建筑设计研究院提供项目咨询、课题研究、场地规划、建筑设计、室内设计、风景园林设计、综合设计和工程总承包服务。 成立20余年来，依托学院的学术背景和人才资源，先后完成各类工程项目设计2 000余项。	浙江电力调度大楼、杭州市民中心图书馆、杭州工联大厦精品服饰城、万银国际酒店式公寓、世博会中国馆休息厅
3	中国建筑装饰集团有限公司	地址：北京市西城区阜外大街22号外经贸大厦15层 电话：010-57981111 E-mail：zjzs@cscec.com	中国建筑装饰集团有限公司系世界500强企业、全球最大的建筑地产综合企业集团——中国建筑股份有限公司的全资子公司。中国建筑装饰集团有限公司拥有装饰、幕墙、园林、建筑智能化设计甲级，装饰、幕墙、机电安装、建筑智能化、古建、园林绿化施工壹级等30多项资质。室内设计业务是其四大核心主业之一，涵盖综合办公楼、酒店、住宅、商场、展馆、交通设施、医疗和海外等五大专业类型	中国尊、上海环球金融中心、中央电视台新址、中国国际贸易中心、国家海关总署、平安集团全国后援中心、团中央办公楼、深圳华为科研中心、中国银行国际金融研修院、广东全球通大厦、国家环保总局履约中心
4	北京清尚建筑装饰工程有限公司	地址：北京市农大南路1号院硅谷亮城7号楼 电话：010-62668136 E-mail：guoxinjian@tsadr.com	前身是具有建设工程室内设计甲级资质的清华工美环境艺术设计所。早在20世纪50年代，中央工艺美术学院率先创建了建筑装饰设计专业。奚小彭、潘昌候、罗无逸、何振强等设计师曾带领着学生一起参加了人民大会堂、历史博物馆、民族文化宫、北京展览馆等十大建筑的设计工作。北京清尚建筑装饰工程有限公司隶属清华控股旗下清控人居集团，是建设部批准的建筑装饰装修工程设计与施工壹级、建筑幕墙工程设计与施工贰级企业	中央军委办公楼、中国美术馆、首都博物馆新馆、唐山抗震纪念馆、西藏自然科技博物馆、北京燕莎友谊商城
5	深圳海外装饰工程有限公司	地址：深圳市福田区深南中路3039号国际文化大厦 2903A 室 电话：0755-82448811/ 82443475 传真：0755-82449896 E-mail: gies.china@vip.163.com	深圳海外装饰工程有限公司（简称海外装饰）成立于1981年，现隶属于世界500强企业中国建筑旗下中国建筑装饰集团有限公司。作为中国装饰行业第一家专业企业，该公司具有建筑装饰施工壹级和设计甲级资质。	深圳航天科技广场、上海世博会中国船舶馆、上海世博会中国铁路馆、琼珠海岸生态度假村
6	广州集美组室内设计工程有限公司	地址：广州市天河区员村四横路128号红专厂N1栋 电话：020-66392488/85567022 传真：020-38602465 E-mail：newsdays@newsdays.com.cn	广州集美组室内设计工程有限公司于1994年11月11日在广州市工商行政管理局天河分局登记成立。法定代表人林学明，公司经营范围包括室内装饰、设计、园林、陈设艺术及其他陶瓷制品制造等。	北京中信金陵饭店、中信泰富朱家角锦江酒店、海南土福湾方圆喜来登酒店、嘉兴月河客栈、浙江丽水养生文化园、中山清华坊、方圆大厦办公楼、广州长隆酒店、北京时尚大厦、北京北湖九号、广州白云宾馆、东莞银城酒店

续表

序号	公司名称	联系方式	公司简介	代表作品
7	深圳J&A杰恩设计	地址：深圳市南山区科苑路15号科兴科学园B4栋13层 电话：0755-83416062（总机） E-mail：jaid@jaid.cn	J&A杰恩设计（原J&A姜峰设计）是目前亚洲最大的室内设计公司之一，并率先获国家甲级设计资质，INTERIOR DESIGN 2017全球室内设计排名42名，商业设计领域排名全球第9，是年度国内唯一入选的室内设计机构。J&A总部位于中国深圳，香港、北京、上海、大连、武汉均设有区域公司，J&A主要经营三大设计领域：商业综合体、交通综合体、医养综合体	深圳海岸城购物中心、上海中信泰富陆家嘴、上海真如星光耀广场、深圳益田假日广场、苏州龙湖时代天街、上海文华东方酒店、深圳四季酒店会所、深圳丽思卡尔顿酒店
8	苏州金螳螂建筑装饰股份有限公司	地址：江苏省苏州市西环路888号（总部20楼） 电话/传真：0512-68601529 转8307/68298259 E-mail：xulj@goldmantis.com；candy_xu0320@163.com	金螳螂成立于1993年，总部设在中国苏州，经过二十多年的发展，形成了以“装饰产业为主体、电子商务与金融为两翼”的现代化企业集团，集团旗下的金螳螂装饰是中国装饰行业首家上市公司，已连续14年成为中国装饰百强第一名，金螳螂集团已获得鲁班奖82项（股份公司79项），全国装饰奖275项，成为获得国优奖项最多的装饰企业，是中国民营500强企业	北京人民大会堂江苏厅、南京万达希尔顿酒店、九华山大愿文化园、三亚康莱德酒店、大连万达希尔顿酒店、上海东方艺术中心
9	无锡上瑞元筑设计顾问有限公司	地址：无锡市滨湖区建筑路新梁溪人家商业街470-2号 E-mail：sryz001@163.com	公司2003年成立，致力于商业空间设计的探索与实践，主要从事酒店、餐饮、商业地产、休闲娱乐、博物馆、展览中心等业态空间与公共空间设计，在旧建筑改造、样板房设计、街区业态规划、文化主题空间和城市综合体概念策划等诸多领域也有涉及	多伦多海鲜自助餐厅（无锡万象城店）、上海厨房乐章餐厅、上海采蝶轩、外婆私房菜南京马群店、扬州东园饭店
10	杭州典尚建筑装饰设计有限公司	地址：杭州市 滨江区秋水路寰宇商务中心B幢1303 电话:86-571-86823799/ 86823797 E-mail: hzds.design@163.com	1995年至今二十年大型公共空间专业设计经验，1996—2005年，连续十届中国室内设计大赛七次荣获一等奖。	李叔同纪念馆、浙江美术馆、韩美林艺术馆（杭州馆、北京馆、银川馆）、浙江音乐厅、浙江嘉兴大剧院、阿里巴巴集团总部CEO办公室、淘宝城、万事利丝绸艺术展示中心、杭州赛丽美术馆、康恩贝总部办公空间

进阶练习

选取行业内几个代表性的室内设计公司，对其组织架构与设计流程进行调研，撰写一份调研报告。

Reference

参考文献

[1]丁俊，过敏伟．形式的转译——苏州园林传统花格元素在室内设计课程中的转换与应用[J]．装饰，2017（2）：118-120.

[2]丁俊．室内设计专题的实验课程——从“折叠”手法开始的形态探索[J]．装饰，2016（9）：84-86.

[3]杨京玲．女性参与・女性话语——现代西方女性室内设计史述与解析[D]．南京：南京艺术学院，2014.

[4]孙琦．现代艺术语境中的室内设计研究[D]．南京：南京林业大学，2014.

[5]傅祎．脉络、立场、视野与实验——以建筑教育为基础的室内设计教学研究[D]．北京：中央美术学院，2013.

[6]刘少帅．室内设计四年制本科专业基础教学研究[D]．北京：中央美术学院，2013.

[7]董赤．新时期30年室内设计艺术历程研究[D]．长春：东北师范大学，2010.

[8]吕品秀．现代西方审美意识与室内设计风格研究[D]．上海：同济大学，2007.

[9]崔笑声．消费文化时代的室内设计研究[D]．北京：中央美术学院，2006.

[10]杨冬江．中国近现代室内设计风格流变[D]．北京：中央美术学院，2006.

[11]刘树老．室内设计系统的研究[D]．南京：南京林业大学，2005.

[12]张青萍．解读20世纪中国室内设计的发展[D]．南京：南京林业大学，2004.

[13]唐建．建筑的建筑——室内建筑学研究[D]．大连：大连理工大学，2007.

[14]（美）史坦利・亚伯克隆比．室内设计哲学[M]．赵梦琳，译．天津：天津大学出版社，2009.

[15]孟建国，张广源．中国建筑设计研究院室内设计作品选[M]．北京：清华大学出版社，2002.

[16]《建筑设计资料集》编委会．建筑设计资料集[M]．2版．北京：中国建筑工业出版社，1994.

[17]张绮曼．室内设计经典集[M]．北京：中国建筑工业出版社，1994.

[18]Anne Massey．Interior Design Since 1900[M]．3th ed．London：Thames&Hudson，2008.

[19]Lois Weinthal. Toward a New Interior: An Anthology of Interior Design Theory[M]. New York: Princeton Architectural Press，2011.

[20]Grace Lees-Maffei. Introduction: Professionalization as a Focus in Interior Design History[J]. Journal of Design History，2008，21（1）：1-18.

[21]Manli Zarandian. Feminism and Interior Design in the 1960s[D]. University of Nebraska-Lincoln，2015.

Postscript

后 记

从接到撰写任务开始，中间拖延了较多的时间，主要由于目前教师科研任务重，压力大，业余时间较少。但是由于笔者在前期的室内设计教学和设计实践上有一定的积累，所以在写作过程中相对轻松。本书写作过程中，适当地引用了一些笔者以往写作的一些教学类论文，读者如果有兴趣也可以搜索到更为详细的一些课题，希望能够与一些有志于室内设计研究和教学的朋友进行交流。

值得一提的是，虽然写作过程中有一些拖拉，但是得到了北京理工大学出版社编辑的谅解，尤其是得到审校编辑的指导与关心，在此表示衷心感谢。另外，本书中的一些课题设计的灵感有一部分来源于2013—2014年在美国得克萨斯大学访问期间的所看所想，在此十分感谢他们所给予的学习机会，尤其是Nancy Kwallek教授作为在访学期间的导师，给予了很多帮助。

在课题开展过程中，苏州工艺美院2013、2014室内A班的学生们按照课题进行了训练，诞生了一些不错的设计作品，如陈颖、颜慧、刘欢欢、李源清、任萌萌、卫国静、祁红草、谢旺、王素梅、成玉婷等的作品。

书中所采用的图片基本上是自己在国内外考察时拍摄的照片，另外一些案例分析的图片是笔者在上海星湖展览有限公司的方案文本，还有一小部分来自相关官方网站，如911纪念博物馆的几张图片和分析公司组织架构的图片。

真诚地希望这本书能够对教学和实践都能起到参考和补充的作用。当然，在写作过程中，由于笔者学术有限、眼光局促、精力所限，很多地方不尽如人意，希望广大专家读者给予批评指正，在此表示感谢。

丁俊于苏州小石湖畔

2017年5月